Somatic Embryogenesis
and Cryopreservation Technology
in Pines

松树

体细胞胚胎发生
与超低温冻存技术

主编◎郭文冰　赵奋成　王为民

SPM 南方出版传媒

广东科技出版社 | 全国优秀出版社

·广 州·

图书在版编目（CIP）数据

松树体细胞胚胎发生与超低温冻存技术/郭文冰，赵奋成，王为民主编. —广州：广东科技出版社，2018.4

ISBN 978-7-5359-6934-7

Ⅰ.①松… Ⅱ.①郭…②赵…③王… Ⅲ.①松属—体细胞—胚胎发生—研究 Ⅳ.① S791.240.1

中国版本图书馆CIP数据核字（2018）第076255号

松树体细胞胚胎发生与超低温冻存技术

责任编辑：尉义明
封面设计：柳国雄
责任校对：黄慧怡
责任印制：彭海波
出版发行：广东科技出版社
　　　　　（广州市环市东路水荫路 11 号　邮政编码：510075）

http：//www.gdstp.com.cn

E-mail：gdkjyxb@gdstp.com.cn（营销）

E-mail：gdkjzbb@gdstp.com.cn（编务室）

经　　销：广东新华发行集团股份有限公司
排　　版：创溢文化
印　　刷：广州市岭美彩印有限公司
　　　　　（广州市荔湾区花地大道南海南工商贸易区 A 幢　邮政编码：510385）
规　　格：787mm×1 092mm　1/16　印张 6.5　字数 150 千
版　　次：2018 年 4 月第 1 版
　　　　　2018 年 4 月第 1 次印刷
定　　价：68.00 元

《松树体细胞胚胎发生与超低温冻存技术》
编 委 会

主　编：郭文冰　赵奋成　王为民

副主编：胡继文　林昌明　钟岁英

编　委：吴惠姗　李福明　戎洁庆

　　　　李义良　廖仿炎　王　哲

　　　　邓乐平　谭志强

前　言

　　植物体细胞胚胎发生已有 60 年的研究历史。作为 20 世纪中叶以来强大的生物技术之一，体细胞胚胎发生技术广泛用于基础理论与应用研究。生物史上，所有的植物细胞与组织培养研究，最初目的在于探索植物生物学上的细胞发育与细胞全能性等重要基础理论。随着研究的深入，植物细胞与组织培养逐渐成为强大的生物技术工具。同样地，体细胞胚胎发生是研究胚胎学的理想模型，在基础研究上，可应用于研究胚性细胞分化过程中的细胞分裂、基因表达、分子遗传学等方面。但其最直接的应用在于植物的大规模无性扩繁。比起其他无性繁殖方法，体细胞胚胎发生技术具有诸多优势：可借助生物反应器扩大繁殖，可冷冻保存建立基因库，可作为转基因的有力工具。然而，体细胞胚胎发生技术的应用必须建立在体细胞胚胎发生相关研究的基础上，特别需要解决一个重要的生物学问题——哪些信号改变基因表达程序，使得体细胞变成一个胚性细胞。

　　松树是世界上重要的商品林树种，种植面积占据全球人工林的 46%。1985 年以来，松树体细胞胚胎发生技术取得了较大的突破，迄今为止，30 个以上的松属树种成功实现了体细胞胚胎发生的过程。对于新开发体细胞胚胎发生技术的物种或基因型，一个较为高效的方法是基于文献与专利公开的方法，通过不断改进，最终找到相对适宜的方法与配方；另一个行而有效的方法是基于物种 / 家系水平合子胚发育的生化、生理、物理与分子机制的研究，探索体细胞胚胎发生在外植体发育时期、培养基基础配方、植物生长调节剂、环境条件等方面的因素，确定最佳的技术体系。

　　本书的内容由四大部分组成。第一部分通过介绍合子胚发生与体细胞胚胎发生的异同点，阐述体细胞胚胎发生的概念、原理，指出通过研究合子胚发生途径改进体细胞胚胎发生技术的方向；同时，介绍松树体细胞胚胎发生的研究历程。第二部分着重介绍了松树体细胞胚胎发生技术的主要操作环节，从体细胞胚胎室的建设、外植体采集，到体细胞胚胎诱导、增殖、成熟、萌发与植株再生等。第三部分围绕体细胞胚胎的超低温冻存技术，详细介绍超低温冻存的生物学原理、技术原理及主要研究进展，并提供了针叶树种胚性细胞冻存与解冻的具体操作步骤。第四部分主要以松树为例，介绍体细胞胚胎发生技术在新品系选育、苗木扩繁、遗传转化、胚拯救及药用蛋白质生产上的应用实例与前景。本书内容重点突出，理论深度适宜，实用性强，可作为科研院所、高校掌握植物体细胞胚胎发生与超低温冻存相关原理的参考书，也可作为科技人员开展相关研究的技术手册。

本书由国家重点研发计划课题"湿地松等国外松脂材兼用林高效培育技术研究"（2017YFD0600502）、广东省级科技计划项目"湿加松松脂培育与利用关键技术"（2017B020205003）及"湿加松优良家系体胚发生技术研究"（2014A020208032）等资助出版，特此谢忱！同时，感谢参与本书相关研究的谭韦、李振、代莹、黄伟珊、陈燕萍、张杜娟等技术人员，感谢陈芳研究员、张卫华教授级高级工程师在研究过程中提出的宝贵建议，感谢张方秋研究员、赵静教授和李永泉教授级高级工程师等对本书在行文上提供的修订意见。本书的顺利出版得益于广东省林业厅、广东省林业科学研究院各级领导和广大同事的关怀和帮助，在此表示衷心感谢。

虽然本书由编者做了反复修改，而且在成文后得到同行的修订，但书中难免有疏漏与不当之处，恳请广大读者批评指正。

编　者
2018 年 3 月

目 录

植物体细胞胚胎发生
概况与原理

体细胞胚胎发生（somatic embryogenesis，SE）与器官发生（organogenesis）是植物离体再生的两条重要途径。由于体细胞胚胎（体胚）发生在基础理论与应用上均有广泛的利用潜力，SE 技术被誉为强大的生物技术之一。体细胞胚胎发生与合子胚发生经历了相似的特征阶段，但二者存在明显差异。理解两种发生途径的原理，针对某个物种或基因型分析两种发生途径的差异机制，是建立 SE 技术的关键。因此，对合子胚发生与体细胞胚胎发生的生物学过程、调控机制及二者的区别展开论述。另外，被子植物与裸子植物胚发育过程的形态特征截然不同，本部分将被子植物与裸子植物合子胚发生过程分开进行阐述，以便更为准确地掌握松树胚发育过程。

胚胎发生可分为有性与无性两种，有性胚胎发生通常为合子胚发生（zygotic embryogenesis，ZE），需经过受精的有性过程，由精子与卵细胞融合形成合子，最终发育成胚。在进化过程中，为了克服环境与遗传因素引起的育性降低，一些物种进化出无性胚胎发生的繁殖方式。无性胚胎发生不经过受精过程，活体条件下无性胚胎发生主要为无融合生殖，包括孤雌生殖、不定胚等。被子植物中约有来自 40 个科的 120 个属以上物种报道过无融合生殖现象，但在裸子植物中罕见报道。

离体条件也可诱导无性胚胎发生，主要形式为体细胞胚胎发生。体细胞胚胎发生是体细胞分化为体细胞胚胎的过程，具体指由一个非合子胚的细胞在不与原组织通过维管组织连接的情况下，发育成一个双极性、与合子胚类似的体细胞胚胎的过程（von Arnold *et al.*，2002）。在离体条件下，只要选用适宜的外植体、培养基和培养条件，一切植物物种都有可能实现体细胞胚胎发生。在自然活体条件下，SE 较为罕见，但在景天科伽蓝菜属（如 *Kalanchoë daigremontiana*）、景天科青锁龙属（如 *Crassula multicava*）、虎耳草科千母草属（如 *Tolmiea menziesii*）中体细胞胚胎可以自然发生。伽蓝菜属中的一些物种在胁迫或正常条件下，在叶缘存在胚胎发生与器官发生两种生物学过程。天然发生的体细胞胚胎也经历典型的球形胚、心形胚、鱼雷胚过程，随后，不定根从下胚轴位置长出，根系发育完全的植株离开母体植株，落在地上形成新的植株。

体细胞胚胎在形态上类似于合子胚。它们都是两极的，具有典型的胚胎器官，即胚根、胚轴和子叶。但二者由不同途径发育而来，即无性发生与有性发生。

1.1　合子胚发生过程

对于任何一个目标物种，一开始研究体细胞胚胎发生之前，掌握其合子胚发生的基础知识至关重要。植物有性胚胎发生都起始于合子，继而经过一系列特征定型阶段。虽然种子萌发后不同物种形态会进一步分化，但分生组织、地上部 – 根部的特异模式是在胚发育阶段特异形成的，因此胚的发育阶段对形态建成十分关键。

胚胎发育可以分成两个主要步骤：a. 胚发育，即狭义上的胚胎发生；b. 胚的成熟与萌发

（Wendrich *et al.*，2013）。在胚胎发育过程中，植物细胞多样性的形成存在两种机制：

（1）极性化细胞的不对称分裂

极性化细胞的分裂将细胞质和其包含的一切调控分子分离，因此细胞的分裂面在胚胎发生过程中起着关键作用。由于不对称分裂，子细胞遗传不同的细胞质决定子（cytoplasmic determinants），从而获得不同的命运。拟南芥中，编码转录因子的 *SHORT-ROOT*（*SHR*）基因调控了细胞的不对称分裂（Helariutta *et al.*，2000）。

（2）存在位置效应的细胞命运决定机制

细胞位置是体细胞组织建成的必要因素。只有处于茎尖顶端分生组织的细胞才能保持多能，离开该位置的细胞分化为不同功能的细胞。胚发育过程中细胞命运的建立涉及特异调节蛋白的局部活性。细胞间的相互作用也决定了细胞的命运，其可能的机制包括：a. 通过富含亮氨酸重复序列（leucine-rich repeat，LRR）型丝氨酸 – 苏氨酸激酶在细胞表面传递信号；b. 通过胞间连丝交换分子（von Arnold *et al.*，2002）。

被子植物与裸子植物经历了不同的胚胎发育阶段。以拟南芥和松树为例，图 1–1 中分别描绘了被子植物和裸子植物胚发育的基本阶段（von Arnold *et al.*，2002）。

被子植物胚发育起始于合子，结束于子叶阶段，整个过程可分为 3 个连续阶段。a. 原胚发育：合子不对称分裂，出现小的顶细胞和大的基细胞；b. 模式建成：在球形胚中，形成特定模式；c. 器官膨大与成熟：转入子叶阶段，同时出现根的分生组织，在双子叶植物随之出现芽的分生组织。

裸子植物胚发育同样可分为 3 个连续阶段。a. 原胚发育：胚柄伸长前的所有阶段；b. 胚胎发育早期：胚柄伸长后，根分生组织建成前的中间阶段；c. 胚胎发育晚期：集中的组织发生过程，包括根与芽分生组织的建成。

1.1.1　被子植物合子胚发生

作为模式植物，拟南芥是胚胎发生研究最详尽的物种。拟南芥中大概有 3 500 个不同的基因是完成胚胎发育所必需的。由于胚胎发生早期胚的获取较为困难，研究胚发育过程中基因的表达存在一定限制。胚胎缺陷突变体为开展胚发育调节因素的研究提供了极大的便利。早在 20 多年前，通过诱变与突变体筛选、分析，在拟南芥中已获得了不同阶段的胚胎发育突变体，这是其他物种无法比拟的。通过不同突变体的遗传分析得知，胚胎发育的 3 个基本要素，即模式形成、形态发生和细胞分化，是彼此独立调节的。

发育早期的突变体可能缺失了一些行使基本看家功能的基因，如生物素合成（*BIO1*）、细胞分裂与扩张（*EMB30*）和内含子剪接（*SUS2*）等突变体。其他突变体可能缺失了直接参与植物生长发育功能的基因。拟南芥中还存在胚柄的突变体（*TWIN*，*RASPBERRY*），其胚柄与胚体之间发育的平衡被扰乱，导致胚柄呈现与胚类似的命运。对 *RASPBERRY* 突变体进行分析发现，该突变体在球形胚形成阶段受到阻断，但其组织层仍可以按照正确顺序分布，表明组织分化可独

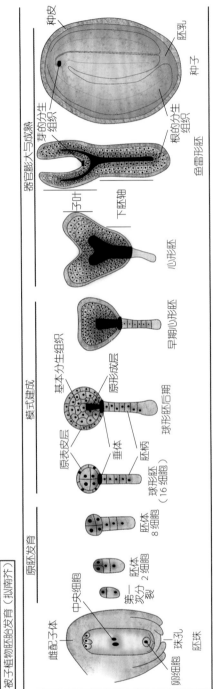

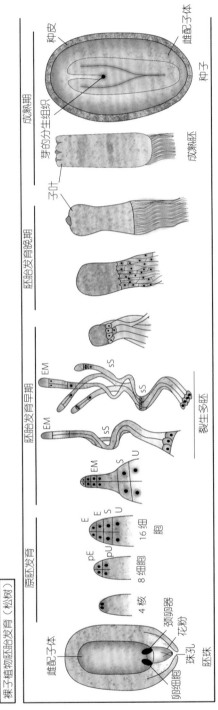

图 1-1　被子植物与裸子植物胚胎发育的过程（von Arnold *et al.*，2002）

EP—胚体；pU—上层开放层；pE—初生胚层；E—胚层；S—胚柄团；U—上层；EM—胚团；sS—次生胚团

立发生（von Arnold *et al.*，2002）。

分析若干顶端 – 基部突变体，如 *GURKE*，*FACKEL*，*MONOPTEROS*，*GNOM* 等，可确定胚胎发育期间，纵向形成 3 个空间结构区域：a. 由子叶、茎尖和上胚轴构成的顶端区域；b. 包括大部分下胚轴的中心结构；c. 主要由根组成的基部区域。这些区域可彼此独立发育。据推断，顶端 – 基部轴的形成起源于合子的内在极性化，而周围的组织影响了轴的方向（Mayer *et al.*，1998）。对 *GNOM* 和 *MONOPTEROS* 突变体的分析，揭示了生长素在模式建成和器官形成中的重要性。球形胚中生长素的梯度分布，是介导从径向对称转向双边对称，最终形成茎分生组织这一过程所必不可少的。*MONOPTEROS* 基因编码了参与生长素信号的转录因子。GNOM 蛋白调节了生长素输出转运所需的囊泡运输过程，由此确定了生长素流的方向。拟南芥突变体 *FACKEL* 和 *STEROL METHYLTRANSFERASE1* 的幼苗表现出部分组织缺失。这些突变体的分子分析表明，植物固醇可能作为信号分子，影响胚发育过程中细胞命运（Clouse，2000）。

茎尖分生组织（shoot apical meristem，SAM）的形成是在胚胎发育早期较早起始的模式建成过程。一旦 SAM 建成，*WUSCHEL* 基因表达并指定一组细胞，行使将干细胞从邻近重叠细胞中指派出来的功能。拟南芥中 *CLAVATA*（*CLV1* 和 *CLV3*）和 *SHOOT MERISTEMLESS*（*STM*）基因特定调节芽分生组织发育，但行使相反的功能，*CLV1* 和 *CLV3* 突变体在芽分生组织中累积过量的未分化细胞，而 *STM* 突变体在胚胎发育期间不能形成芽分生组织的未分化细胞。*CLV3* 是 *CLV1* 的配体，组成多聚体复合物的一部分，编码受体激酶的 *CLV1* 与 *CLV3* 共同作用以控制分生组织细胞增殖和分化之间的平衡（Trotochaud *et al.*，2000）。前人在水稻中也分析了 SAM 缺失突变体，这些突变体是由来自 4 个独立位点的 9 个隐性突变引起的（Satoh *et al.*，1999）。进一步研究显示，胚根和盾片的分化独立于 SAM，而胚芽鞘和外胚层可能依赖于 SAM。

遗传研究表明，拟南芥中，*ABA-INSENSITIVE3*（*ABI3*），*FUSCA3*（*FUS3*）和 *LEAFY COTYLEDON1*（*LEC1*）基因座在调节种子成熟过程中起主要作用（Kurup *et al.*，2000）。三者相互作用，调控种子成熟的生物学过程，包括叶绿体累积、干化耐受、对脱落酸（ABA）的敏感性及储藏蛋白表达，以促进胚特异过程，同时抑制萌发。*FUS3* 和 *LEC1* 调节 ABI1 蛋白的丰度。*LEC1* 也是胚胎发育重要的调节剂，能激活胚胎形态发生和细胞分化所需的基因的转录。

通过突变体分析与基因表达结果，可将被子植物胚的发育调节基因分为 5 类（von Arnold *et al.*，2002）：

第 1 类：组成型表达基因，基因产物出现在各个阶段，行使植物正常生长所需的功能。这类基因有看家功能，是包括胚在内的植物细胞所必需的。

第 2 类：胚胎特异性基因，其表达仅限于胚体本身，并在萌芽前或萌芽时停止。

第 3 类：在胚胎发生早期直到子叶阶段高度表达的基因。

第 4 类：种子蛋白类基因，在子叶扩张和种子成熟过程中表达。

第 5 类：在胚胎发生后期直到种子成熟阶段高度表达的基因，这些基因被 ABA 激活。

1.1.2　裸子植物合子胚发生

据推测，裸子植物与被子植物起源于共同祖先，并在 3 亿年前分开（Stuessy，2004），二者胚胎发生存在显著差异，但很多参与细胞程序性死亡与胚成熟的信号途径是一致的，松树、云杉、冷杉等裸子植物的胚胎发生过程中的解剖形态和分子机制，与拟南芥有很多相似之处（Cairney *et al.*，2007）。

针叶树种在胚珠中经历单受精事件，在单倍体的雌配子体内形成双倍体的胚，其雌配子体（即裸子植物的胚乳）在受精前已完成大部分的发育，而被子植物的胚乳在受精后才发育形成。如图 1-1 所示，松树等裸子植物受精后，在不发生胞质分裂的情况下，经历了几轮的核复制，进入一个游离核时期；随后进入细胞化阶段，形成两层细胞及 8 细胞的原胚；细胞层进一步分裂成 4 层，第 1、第 2 层的细胞层加倍形成胚团，而第 3、第 4 层伸长形成胚柄；胚在雌配子体的"溶蚀腔"中发育，随着胚柄形成并将胚逐步推入雌配子体中，溶蚀腔也变大。毗邻溶蚀腔的雌配子细胞发生程序性死亡，为胚发育提供养分。

针叶树种在种子发育初期通常具有多胚现象，主要由两个途径形成：一种为简单多胚现象，即在同一胚珠内多个颈卵器由不同花粉粒受精后，发育成多个具有不同基因型的胚；另一种为裂生多胚现象，由一个未成熟胚增殖而来，通常出现在以松属为代表的几个属中。两种多胚现象可以同时存在于同一物种中，如火炬松。火炬松的胚珠有 1~4 个颈卵器，每个都含有卵细胞，都有机会受精（即简单多胚现象），受精的胚再分裂为 4 个胚（即裂生多胚现象），因此一个胚珠内的胚可高达 16 个。在松科的 10 个属中，只有雪松属（*Cedrus*）、油杉属（*Keteleeria*）、松属（*Pinus*）和铁杉属（*Tsuga*）报道了裂生多胚现象。花旗松（*Pseudotsuga menziesii*）等一些物种在合子胚发生过程中未出现裂生多胚现象，但在体细胞胚胎发生中出现。多胚现象出现之后，其中一个胚很快占据主导地位，继续生长发育，而周围的胚不再发育并最终通过细胞程序性死亡降解掉；在一些松树中，这些周围的胚会成为体细胞胚胎发生的起始材料（Filonova *et al.*，2002b）。多胚现象是具有不同活力的异源异交胚进行受精后的选择机制，针叶树种的多胚现象可能是物种通过拥有多个异交的胚，避免自交的适应性机制。

松柏类树种中也发现了参与拟南芥胚胎发生调控重要基因的同源基因，表 1-1 中列出了一些表达序列标签（expressed sequence tags，ESTs），其中大部分在拟南芥中存在突变体。可将松柏类上的同源基因在拟南芥中异源表达，通过功能互补试验进行验证。

1.2　体细胞胚胎发生过程

体细胞胚胎发生经历了一系列合子胚发生的特征阶段。SE 可分为直接发生与间接发生两种方式：直接发生不经过愈伤组织阶段，直接从外植体分化；间接发生经过愈伤组织阶段。直接胚胎发生最适合的外植体包括小孢子（即小孢子发生）、胚珠、合子、体细胞胚和幼苗。

表 1-1　与拟南芥胚胎发生调节基因相似的松柏类 ESTs

基因名[1]	拟南芥 GenBank 登记号	松柏科 TA 登记号[2]	概率（e 值）	功能	参考文献
胚胎发生 – 刺激基因					
CLAVATA1 (CLV1)	ATU96879	TC67024	6.20E-200	受体激酶	Clark et al., 1997
CLAVATA2 (CLV2)	AF528611	TC76780	4.10E-27	受体激酶相似，CLV1 稳定性所需	Jeong et al., 1999
CLAVATA3 (CLV3)	NM_201812	Pt CLE-19 (CV137762) Pt CLE-40 (DR160838)		CLV1 的配体	Trotochaud et al., 2000
LEAFY COTYLEDON 1 (LEC1)	NM_102046	TC72740	9.90E-43	与 CCAAT 盒结合转录因子的亚基；维持胚柄命运；启动与维持成熟；抑制萌发	Lotan et al., 1998
SOMATIC EMBRYOGENESIS RECEPTOR-LIKE KINASE 1 (SERK1)	NM_105841	TC75044	4.90E-190	与 LRR 激酶相似	Schmidt et al., 1997
SHORT-ROOT (SHR)	NM_119928	TC60455	2.90E-104	转录因子	Helariutta et al., 2000
SHOOT MERISTEMLESS (STM)	NM_104916	TC59101	1.10E-80	同源框蛋白	Long et al., 1996
WUSCHEL (WUS)	NP_565429.1	PWADX90TV	7.50E-21	同源框蛋白	Mayer et al., 1998
WUSCHEL-like (WOX2)	Q6 × 7K1.1	PWADX90TV	7.10E-31		
地上部器官发生 – 刺激基因					
WOODENLEG (WOL) WOL/CRE1/AHK4	NM_201667	TC69508	2.40E-98	细胞分裂素受体/组氨酸激酶	Mähönen et al., 2000
CYCLIN D3 (CYCD3)	NM_119579	TC60423	7.50E-58	细胞周期中调节 G1-S 期转换	Boucheron et al., 2005
CYTOKININ-INDEPENDENT 1 (CKI1)	NM_130311	TC75163	9.30E-23	组氨酸激酶/双组分反应调节子	Kakimoto et al., 1996
ENHANCER OF SHOOT REGENERATION 1 (ESR1)	NM_101169	TC74788	1.90E-12	编码具有 AP2/EREBP 结构域的推定转录因子	Banno et al., 2001

续表

基因名[1]	拟南芥 GenBank 登记号	松柏科 TA 登记号[2]	概率（e值）	功能	参考文献
KNOTTED-LIKE FROM ARABIDOPSIS THALIANA（KNAT1）	AF482995	TC67385	2.80E-74	转录因子	Venglat et al.，2002
根部器官发生 - 刺激基因					
PICKLE（PKL）	AF185577	ST17B05	5.80E-37	染色质重塑、抑制转录	Ogas et al.，1997、1999
ROOT MERISTEMLESS（RML1）	NM_001036624	TC71750	6.40E-57	谷氨酰半胱氨酸合成酶 GCS	Cheng et al.，1995
母体效应					
SHORT INTEGUMENTS 1（SIN 1），（DCL1）；（SUS1）	AF292941	TC77114	1.00E-92	依赖 ATP 的解螺旋酶 / 核糖核酸酶 Ⅲ	Ray et al.，1996
DOF AFFECTING GERMINATION（DAG1）	NM_116050	TC67525	2.00E-26	植物特异转录因子	Papi et al.，2000
	NM_180403	TC58767	1.90E-23	DNA- 结合结构域	
母体效应 - 雌配子体 / 胚乳					
FERTILIZATION INDEPENDENT ENDOSPERM（FIE）	NM_112265	TC59060	7.70E-152	参与胚乳前后极轴的排序，抑制生殖生长期开花	Luo et al.，1999
MEDEA（MEA）	NM_100139	TC60919	5.90E-80	Polycomb 蛋白，胚乳的印记基因	Grossniklaus et al.，1998；Kiyosue et al.，1999
胚柄 / 胚					
AUXIN BINDING PROTEIN 1（ABP1）	NM_116532	TC61218	1.60E-61	内质网生长素结合蛋白	Jones et al.，1998
TWIN 2（TWN2）	NM_101328A	TC43631	1.00E-90	在种子休眠时终止胚发育	Zhang et al.，1997
RASPBERRY3（RSY3）	NM_202629	CO174829	4.00E-37	未知	Apuya et al.，2002
PINHEAD（PNH）	NM_123748	TC74157	6.80E-169	PAZ 家族成员，可能参与 RNA 干涉	Moussian et al.，1998
PINFORMED（PIN1）	NM_106017	TC75513	7.70E-69	生长素转运体，参与建立胚胎发生所需的生长素梯度	Christensen et al.，2000

续表

基因名[1]	拟南芥 GenBank 登记号	松柏科 TA 登记号[2]	概率（e 值）	功能	参考文献
VACUOLELESS 1 (VCL1)	NM_129359	TC64896	4.80E-49	液泡分拣蛋白 Vps16p，调节液泡融合、液泡膜与囊泡对接	Rojo et al., 2001
YODA (YDA)	AAR10436	TC78561	3.00E-92	MAPKK 激酶	Lukowitz et al., 2004
建立顶基轴；合子胚第一次分裂					
CUP SHAPED COTYLEDON 1&2 (CUC1 & CUC2)	AB049069	TC79992	7.40E-68	转录因子	Souer et al., 1996
中间域					
FACKEL (FK)	NM_202691	TC75887	7.80E-73	C-14 甾醇还原酶	Schrick et al., 2000
根区域					
CULLIN1 (CUL1), (AXR6)	NM_116491	TC74492	1.60E-200	泛素连接酶 Cullin，参与目标蛋白的泛素化与降解	Hobbie et al., 2000
BODENLOS (BDL)	NM_179258	TC60143	1.50E-25	生长素响应蛋白 IAA12	Hamann et al., 2002
MONOPTEROS (MP)	NM_101840	BX250119	1.10E-73	生长素响应因子 ARF 相关的转录因子	Hardtke et al., 1998
地上部与根初生分生组织					
AGAMOUS (AG)	NM_118013	TC78006	9.00E-58	花特异的 MADS 盒转录因子	Reichmann et al., 1996
AINTEGUMENTA (ANT)	NM_119937	TC60598	6.40E-93	胚珠发育蛋白	Mizukami et al., 2000
ARGONAUTE (AGO1)	O04379	PWAEJ27TV	4.60E-119	参与 RNA 介导的转录后基因沉默	Lynn et al., 1999
ASYMMETRIC LEAVES1, PHANTASTICA (AS1)	NM_129319	TC72396	3.60E-50	Myb 结构域转录因子；控制背腹轴的建立	Sun et al., 2002
ASYMMETRIC LEAVES 2 (AS2)	NM_10523	TC69576	4.00E-48		
PLETHORA 1 (PLT1)	NM_112975	TC60598	5.20E-86	转录因子	Aida et al., 2004
PLETHORA 2 (PLT2)	NM_103997				

续表

基因名[1]	拟南芥 GenBank 登记号	松柏科 TA 登记号[2]	概率（e值）	功能	参考文献
REVOLUTA（REV）	NM_125462	TC74037	1.60E-299	转录因子	Otsuga et al., 2001
HOBBIT（HBT）	AJ487669	BM134074	4.90E-26	与 CDC27 同源，伴随细胞周期进程和细胞分化	Willemsen et al., 1998
径向轴、维管原基的建立					
FASS（FASS1），（TON2）	NM_121863	BQ699588	7.30E-73	磷酸酶 2A 调节亚基	Torres-Ruiz et al., 1994
SCARECROW（SCR）	NM_115282	TC61519	2.20E-90	调节根部径向组织的转录因子	Di Laurenzio et al., 1996
植物激素基因					
ABA-INSENSITIVE 1（ABA1）	NM_118741	TC75144	8.30E-75	钙调丝氨酸苏氨酸激酶，2C 类蛋白磷酸酶	Korneef et al., 1984
（ABI2）	NM_125087	TC75144	4.60E-74	钙调丝氨酸苏氨酸激酶，2C 类蛋白磷酸酶	Merlot et al., 2001
（ABI3）（VP1）	NM_113376	AF175576 *Picea abies*	3.40E-79	转录因子	Nambara et al., 1995
BRASSINOSTEROID INSENSITIVE-1（BR1）	NM_120100	TC75551	1.60E-107	LRR 受体激酶，SERK1 蛋白复合体的一部分	Karlova et al., 2006
ENHANCED RESPONSE TO ABA1（ERA1）	NM_123392	TC62779	4.30E-05	法尼基转移酶（farnesyl transferase）β 亚基	Cutler et al., 1996

注：表中大部分基因（Cairney et al., 2007）在拟南芥中存在突变体。

①基因名称来自 NCBI 数据库，有些基因参与多个途径，但在表中只列一次；

②松柏类 TC（转录重叠群）登记号来自 Dana Faber Cancer Institute（DFCI）Pine Gene Index。

实验室条件下，基于 SE 的植株再生包括 5 个步骤：

①在添加了植物生长调节剂（plant growth regulators，PGRs）的培养基上培养外植体，诱导胚性培养物。

②在添加了 PGRs 的固体培养基或液体培养基上增殖胚性培养物。

③在不添加 PGRs 的培养基上进行体细胞胚的预成熟处理，主要是抑制增殖、刺激体细胞胚胎形成与早期发育。

④在添加了 ABA 或降低渗透势的培养基上，诱导体细胞胚胎成熟。

⑤在不添加 PGRs 的培养基上促进体细胞胚胎萌发和植株发育。

1.2.1　胚性培养物的诱导与增殖

1.2.1.1　胚性细胞的诱导

胚性细胞的诱导通常指的是从一个分化细胞转变为一个胚性细胞的所有过程。理论上，植物体细胞含有完整植株所需的全部遗传信息。SE 的诱导必须包括外植体组织中当前基因表达模式的终止，以及胚胎发生基因表达程序的启动，前者可能的作用机制是受生长素影响的 DNA 甲基化。据推断，PGRs 和胁迫在调节信号转导级联反应中起到中心作用，激发基因表达重编程，从而引起一系列与愈伤生长或极性化生长有关的细胞分裂，进而促成 SE。只有在适宜外植体的某些响应细胞中，胚胎发生途径才能启动，这类响应细胞必须具有激活调控胚性细胞产生的基因的潜力。它们胚性诱导能力的差异可能由其对生长素敏感性不同引起。据推断，影响胚性细胞离体建成的两个重要机制为：a. 不对称的细胞分裂；b. 细胞延伸的控制。PGRs 通过干扰细胞周围的 pH 梯度或电场改变细胞的极性，从而促进不对称分裂。控制细胞扩张的能力与细胞壁的多糖和相应的水解酶有关（von Arnold et al.，2002）。

SE 的能力是遗传控制的，该性状存在基因型差异。高等植物中，除了胡萝卜（*Daucus carota*）和紫花苜蓿（*Medicago sativa*），大多数植物一般必须选用胚或高度幼态的外植体。培养组织的发育响应模式受表观遗传控制，由植株的发育阶段、外植体性质等决定。

SE 起始对生长素或其他 PGRs 的要求很大程度上取决于外植体组织的发育阶段。通常，胚性愈伤组织在含有生长素的培养基中形成；生长素能够调控胚胎发生的一个机制可能是通过酸化细胞质或细胞壁实现。而后的研究表明，低聚糖、茉莉酮酸、多胺和油菜素内酯等生长调节剂也有利于许多物种 SE 的起始诱导（von Arnold et al.，2002）。在不含激素的培养基上，胡萝卜（*Daucus carota*）受伤的合子胚可诱导胚性培养物。在 pH 4.0、以 NH_4^+ 作为唯一氮源的无激素培养基上，培养物可以维持无序的胚胎细胞群状态。并且，在以 ABA 为唯一 PGRs 的培养基上，胡萝卜的幼苗可形成体细胞胚（Nishiwaki et al.，2000）。但苗龄是关键因素，只有下胚轴长度 30 mm 以下的幼苗对 ABA 处理有反应。体细胞胚直接从外表皮细胞分化而来。

Elhiti 等 2013 年将诱导阶段分为 3 个不同时期，并分析了拟南芥不同时期相应的候选基因：a. 脱分化，发现参与次生细胞壁形成的基因及激素响应调节基因参与其中，暗示细胞为脱分化而分离；b. 获得全能性，鉴定了 25 个候选基因，功能覆盖了转录、信号转导、翻译后修饰、激素响应、DNA 修复、DNA 甲基化、蛋白磷酸化和水杨酸信号；c. 转变成胚性细胞，挖掘的基因参与了信号转导、维管结构形成、DNA 甲基化、转录调控、细胞凋亡等。

1.2.1.2　胚性培养物的增殖

胚性细胞形成后继续增殖，形成胚原体细胞团（PEMs）。生长素是 PEMs 增殖所必需的，但是生长素抑制 PEMs 发育为体细胞胚。生长素存在下，胚分化的程度因物种而异（Filonova *et al.*，2000b）。

胚性愈伤可在与诱导培养一致的培养基中维持与增殖。培养物可保持在半固态培养基上。但对于大规模的扩繁，使用悬浮培养效果更好，增殖速度更快，培养物更同步。在悬浮培养中，单细胞与细胞团分开，更容易通过过筛、离心等方式分开进行继代与其他操作。

某些物种和基因型的胚性培养物可在含有 PGRs 的培养基上长期继代培养，并保持充足的胚性潜力，即生成成熟的体细胞胚并发育成植株的能力。然而，随着培养时间的延长，体细胞无性系的变异也会增加。大多数植物中，随着培养时间的延长，胚性潜力下降，并最终丧失。在很多实验室，胚性培养物的增殖培养不会超过半年。一旦胚性细胞系建立，就应该对其进行冷冻保存以便后期研究时解冻使用。

1.2.2　体细胞胚的成熟与发育

1.2.2.1　体细胞胚的预成熟

PEM– 胚转换的预成熟过程是 SE 中的重要阶段，既连接了 PEMs 增殖向有组织的胚发育过程的过渡，又使得两个过程彼此分离。许多胚性细胞系无法形成发育良好的体细胞胚，很大程度上是因为 PEM– 胚转换被扰乱或中止。PEMs 在达到一定程度的发育阶段之前，不应对其进行成熟处理。

促进胚性培养物的形成和增殖的 2,4–D 等合成激素通常较少被细胞代谢，因此，为了刺激体细胞胚胎进一步生长，有必要将胚性培养物转移到不含生长素的培养基上。随着生长素的耗竭，向心型期转换所需的基因不再受到抑制（von Arnold *et al.*，2002）。

由增殖培养基转到刺激胚发育的培养基上时，培养物由单细胞和细胞团组成。为了促进同步发育，细胞可进行洗涤或过筛。

1.2.2.2　体细胞胚成熟

在成熟阶段，体细胞胚体经历了各种形态与生物化学的变化。储藏器官和子叶膨大，同时储藏物质沉积，萌发受到抑制，胚获得脱水耐受性。体细胞胚体累积与合子胚具有相同特征的储藏产物。储藏产物同样锚定到相应的亚细胞分室。但特定储藏产物的数量及其累积的时间，在体细胞胚胎和合子胚间存在差异。在体细胞胚胎和合子胚发生期间，储藏蛋白与胚胎晚期富集蛋白（LEA）的合成与沉积通常受到 ABA– 诱导和水分胁迫 – 诱导的基因表达调控（Dodeman *et al.*，1998）。

在某些物种中，特别是针叶树种中，必须通过 ABA 处理胚性培养物以诱导胚成熟，通常 ABA 浓度为 10~60 μmol·L⁻¹。而在其他情况下，ABA 的施用是为了减少次生的胚胎发生，或抑制早发性萌芽。通常而言，处理最佳时期为 1 个月。延长处理时间可促进成熟胚的形成。但长时间暴露于 ABA 将对植物生长产生负后效（Bozhkov et al.，1998）。乙烯、渗透胁迫、pH 和光周期等其他因素也影响体细胞胚胎成熟。

种胚的成熟通常伴随一定程度上的干燥，当种子中的水分减少时，代谢逐步减缓，胚进入代谢不活跃或静止的状态。正常性种子复水后立即做出反应，从成熟转入萌发。而顽拗性种胚不能在干燥期存活，不能在成熟期间停止发育。顽拗性种子的体细胞胚也无法自然地进入发育停止期。它们早熟发芽，但生成的植株存活率很低。在正常性种子中，脱水处理可诱导体细胞胚中止发育。实验表明，被子植物和裸子植物中，成熟培养基的低渗透势有利于胚发育，其作用效果模拟了正常性种子成熟后期的水分胁迫，使胚耐受水分含量低至 5% 的严重脱水环境。配置低渗透势培养基可使用低分子（如聚乙二醇和右旋糖酐）或高分子量（无机盐、氨基酸和糖类）化合物。但分子量大于 4 000 的聚乙二醇（PEG）诱导的离体渗透胁迫与植株的水分胁迫最接近。这是因为 PEG 大分子在脱水状态下不能穿越细胞壁，导致膨压降低，细胞内渗透势负值增加。尽管在成熟培养基中添加 PEG 可刺激成熟，但也有报道表明 PEG 对胚萌发和早期萌发后根系生长产生了负面影响。在挪威云杉（Picea abies）中报道，PEG 处理对胚胎形态和根尖分生组织发育产生毒害（von Arnold et al.，2002）。

云杉体细胞胚胎成熟处理之后伴随局部干燥可增加体细胞胚的发芽频率，可能由于干燥降低了内源 ABA 含量，或改变了细胞对 ABA 的敏感性。另外，种子对复水（吸胀）的敏感性由初始水分含量和吸水速率决定。这些因素相互作用对发芽和随后的幼苗活力有很大的影响。通常，快速吸胀会对发芽产生有害影响。因此，将水分吸收速率控制在较低水平尤为重要（von Arnold et al.，2002）。

1.2.2.3　植株发育

SE 是一个复杂的过程，最终再生植株的存活与生长，往往取决于之前成熟体细胞胚形成与发育时的培养条件。因此，为了大量扩繁体细胞胚植株，明确影响出瓶后植株生长的关键因素是必要的。

在成熟发育末期，只有具备正常形态、累积充足的储藏物质、获得干燥耐受性的成熟胚，才能发育为正常植株。在不添加 PGRs 的培养基上，体细胞胚通常可发育为与实生苗相似的小植株。但也有例子表明，生长素和细胞分裂素也能刺激发芽。此外，很多物种在促进萌发时，需更换另一种基础培养基。而某些物种还需额外添加谷氨酰胺、干酪素水解物等化合物（von Arnold et al.，2002）。

当植株长到适当大小时，可将其转到瓶外。大量报道表明，体细胞胚植株可像实生苗一样生长。但对某些物种而言，体细胞无性系变异是个难题。通常，添加 2,4-D 或延长的愈伤组织阶段会同时诱导遗传和表观遗传变异。

1.3 合子胚发生与体细胞胚胎发生的异同

通俗而言，合子胚发生（ZE）是一粒种子发育成一株树的过程，而 SE 是一粒种子成为 N 株树的过程（图 1–2）。研究表明，体细胞胚胎和合子胚在形态、组织、生物化学和生理等方面都很相似；但二者也存在较大差异，与合子胚相比，体细胞胚胎受胁迫的影响更大，积累的储藏化合物更少，在分化与萌发间缺乏一个明显的静止期（Winkelmann，2016）。在很多物种中，SE 在应用上存在共性的问题，如分化不同步、发育不一致、存在畸形胚、极性分化被扰乱、过早萌发、胚性丧失、再生效率存在很大的基因型差异等。这些问题在种子中发育的合子胚中相对较少。因此，将 ZE 作为参考，研究两条途径的差异及机制，对改进 SE 技术有很大帮助。

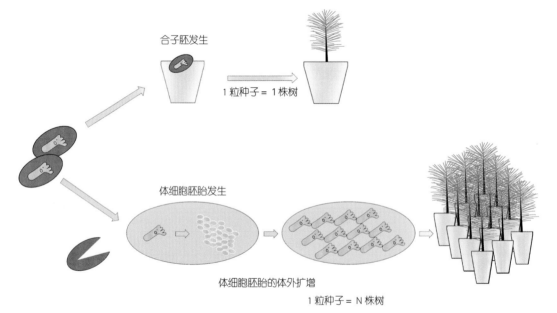

合子胚发生

1 粒种子 = 1 株树

体细胞胚胎发生

体细胞胚胎的体外扩增

1 粒种子 = N 株树

图 1–2　合子胚发生与体细胞胚胎发生途径的繁殖系数

体细胞胚胎发生与合子胚发生的首要差异在于，SE 需要对体细胞启动转录与翻译阶段的基因重编程，使得体细胞脱分化获得胚性，从而改变既定细胞命运，转变为分生组织细胞。另一个重要的差异在于，SE 高度取决于基因型，而 ZE 受限较小。另外，二者在形态与组织结构、生化方面均存在明显差异。

1.3.1 形态与组织结构的异同点

在形态上，合子胚和体细胞胚胎高度相似，都具有双极性结构，都与母体组织无维管组织的连接，而这也是 SE、ZE 与不定芽再生等器官发生的区别。二者主要区别包括：

（1）胚细胞极性的建立

合子胚中首次细胞分裂是不对称的，但在 SE 过程中则未必如此，象腿蕉属的物种（*Ensete superbum*）SE 过程中起始的细胞并未经过较强的极性建立过程，而随后的形态发育与合子胚发生基本相似（Mathew *et al.*，2003）。

（2）胚柄的发育

在裸子植物的体细胞胚胎中，胚柄是极其重要的结构，如图 1–3 所示，挪威云杉合子胚与体细胞胚胎发生阶段均包含胚柄的发育，在胚胎发生后期经历细胞程序性死亡（Smertenko *et al.*，2014）。但被子植物很多物种在 SE 过程中，胚柄结构并不明显，甚至有时是缺失的（Dodeman *et al.*，1998），这可能就是某些物种的体细胞胚胎不能正常形成根系的原因。前人研究玉米的 SE 过程，结果表明，由单个体细胞胚胎直接再生的茎尖分生组织易出现畸形胚，而周围有愈伤细胞的体细胞胚胎则能像合子胚一样完整地发育，表明邻近的愈伤组织细胞可能具有合子中胚柄细胞相似的功能。

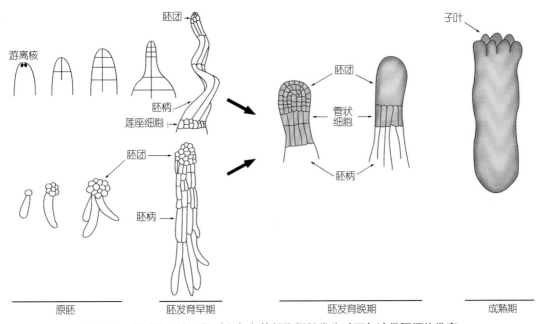

图 1–3　挪威云杉合子胚（上）与体细胞胚胎发生（下）途径胚柄的发育

（3）胚乳的作用

在模式植物仙客来（*Cyclamen persicum*）中，胚性培养物通常是胚性细胞与非胚性细胞的混合物，分化中的体细胞胚周围环绕着多层细胞壁的细胞外基质（ECM）；这可能与非胚性细胞经历细胞程序性死亡、促进分化有关（Winkelmann，2016）。仙客来体细胞胚胎的细胞壁比合子胚大 3 倍，外层表面比合子胚的外表皮层不规则。这些说明，合子胚的胚乳为胚的周围提供了一定的理化条件，从而影响了胚的细胞结构，而这是体细胞胚胎所缺乏的。

（4）胚的成熟

体细胞胚胎的成熟比合子胚困难。火炬松的体细胞胚胎干重往往低于合子胚，未达到完全成熟（Pullman *et al.*，2003a）。海岸松的成熟培养基中通常添加 PEG，以增加液泡的数量和大小，以及胞间的空间，从而促进体细胞胚胎正常形态的形成（Tereso *et al.*，2007）。

（5）胚再生为植株的时期

体细胞胚胎与合子胚在转为植株的过程中存在差异。在咖啡（*Coffea arabica*）中，体细胞胚胎再生为植株需要 22 周，而合子胚需要 15 周；在子叶期，体细胞胚胎下胚轴更短，胚轴吸水性更强，气孔分化更早，蛋白与淀粉含量更低；体细胞胚胎具有萌发不同步的现象（Etienne *et al.*，2013）。

1.3.2　生化方面的异同点

1.3.2.1　储藏蛋白

在不同物种的种子中，储藏蛋白的库可能存在于胚、子叶和胚乳中。欧洲油菜（*Brassica napus*）与棉花（*Gossypium hirsutum*）的体细胞胚胎可累积储藏蛋白，但与合子胚相比，使细胞胚胎蛋白丰度低且出现的时期更早，在油菜中，储藏蛋白的量大概是合子胚的 1/10。同样地，苜蓿（*Medicago truncatula*）中储藏蛋白的量也低于合子胚；苜蓿的体细胞胚胎主要积累 7S 球蛋白，而其合子胚主要积累 11S 球蛋白和 2S 白蛋白；体细胞胚胎中的 2S 白蛋白主要累积在细胞质，而合子胚的 2S 白蛋白主要在蛋白质体。海枣树（*Phoenix dactylifera*）合子胚的总蛋白质含量是体细胞胚胎的 20 倍；其组成成分也不同，合子胚中含有谷蛋白，且以典型的积累和水解形式存在，而体细胞胚胎中缺乏谷蛋白（Sghaier *et al.*，2008）。油棕（*Elaeis guineensis*）合子胚中 7S 球蛋白的量是体细胞胚胞的 80 倍，且出现的时期较晚（Morcillo *et al.*，1998）。

Aberlenc-Bertossi 等（2008）通过蛋白酶分析储藏蛋白的早期变化，发现体细胞胚胎缺乏像合子胚一样明确分化的发育阶段，包括胚胎发生、成熟和萌发；体细胞胚胎中 3 个发育阶段彼此重叠，球蛋白在体细胞胚胎萌发期仍不断合成，半胱氨酸蛋白酶在所有体细胞胚胎发生时期都保持活性。

在分析胞质谷氨酰胺合成酶（GS）编码基因的表达时，发现 *GS1a* 在海岸松与欧洲赤松体细胞胚胎中表达，而合子胚中不表达，*GS1b* 基因在体细胞胚胎和合子胚的原形成层组织均有表达，而且表达水平与体细胞胚胎的质量相关。由于 *GS1a* 基因是叶绿体分化的标记基因，表明体细胞胚胎发生后期开始出现早熟现象。

1.3.2.2　碳水化合物

在植物发育过程中，碳水化合物除了提供能量，还具有渗透调节、保护蛋白、传递信号等功能。合子胚与体细胞胚胎在不同发育时期均有碳水化合物总量与组分的转变，如挪威云杉在发育后期合子胚与体细胞胚胎均表现总碳水化合物含量降低，蔗糖：己糖比例增加，但合子胚与体细胞胚胎中淀粉与可溶性糖的含量、可溶性糖的组分、相关酶活性均存在差异。

白云杉的体细胞胚胎在子叶期累积的淀粉比合子胚的多，蛋白与脂类比合子胚的少；南美稔（Acca sellowiana）鱼雷胚和子叶时期体细胞胚胎中的淀粉含量超过了合子胚。说明体细胞胚胎中将淀粉转化为脂类和蛋白等能量物质的程度比合子胚的低。南美稔合子胚中总可溶性碳水化合物浓度是体细胞胚胎中相应发育阶段的 2 倍，特别是蔗糖、果糖、肌醇和棉子糖等的浓度在胚胎发生后期明显高于体细胞胚胎发生的相应时期；豌豆在合子胚成熟阶段，可溶性糖的含量明显高于体细胞胚胎（Winkelmann，2016）。

体细胞胚胎中缺乏合子胚中的某些糖类，而且单糖与蔗糖的比例与合子胚不同。豌豆在合子胚成熟阶段，可溶性糖成分发生改变，蔗糖、甜菜苷、棉子糖、毛蕊花糖（verbascose）和水苏糖是成熟种子中最主要的可溶性糖；而在体细胞胚胎中，可溶性糖的含量明显低于合子胚，而且主要成分为果糖、葡萄糖、肌醇、蔗糖、棉子糖和甜菜苷，缺少毛蕊花糖和水苏糖（Górska-Kopliń ska et al.，2010）。挪威云杉只有成熟的合子胚含有棉子糖和水苏糖。

另外，与碳水化合物转变有关的酶在两种类型胚中也存在差异。体细胞胚胎中蔗糖酶（即转化酶）和蔗糖合成酶在增殖期与成熟早期具有较高的活性，而在发育的合子胚中蔗糖酶活性较低，蔗糖合成酶首先出现在早期合子胚周围的细胞层，而后出现在胚内，说明蔗糖合成酶在胚从代谢库转变为储藏库的过程中起了重要作用。

豌豆中畸形的体细胞胚胎与正常发育的体细胞胚胎有不同的碳水化合物代谢谱（Górska-Kopliń ska et al.，2010），说明碳水化合物在体细胞胚胎正常发育中起着重要作用。因此，在胚发育后期，可相应地调整培养基中碳水化合物的比例，促进体细胞胚胎成熟期的转化。

1.3.2.3　植物生长调节剂

合子胚与体细胞胚胎间内源激素的波动也存在明显差异。在南美稔种中，诱导阶段合子胚胚珠的生长素吲哚乙醇（IAA）一开始保存较低水平，在授粉后无明显提升，受精后浓度迅速提升约 60 倍，而后降低；而体细胞胚胎发生的外植体中，IAA 波峰出现较早，在外植体接种第 3 天迅速提升约 23 倍，而后降低到 0；细胞分裂素（CKs）在合子胚中明显高于体细胞胚胎，而且两种类型胚 CKs 的种类也不同；脱落酸（ABA）的波峰出现在合子胚初期，而后消失，在体细胞胚胎中则相反。在随后的球形胚、心形胚、鱼雷胚和子叶期，合子胚的 IAA 虽逐渐降低，但始终远高于体细胞胚胎；CKs 在合子胚各时期相差不大，而且以玉米素为主，但体细胞胚胎中 CKs 含量远低于合子胚，而且主要为异戊烯腺嘌呤（iP），玉米素只占较少的一部分；ABA 在合子胚与体细胞胚胎中的波峰均出现在子叶期，但在合子胚中鱼雷期之前 ABA 是痕量的，而在体细胞胚胎中，鱼雷期的 ABA 已显著增加（Pescador et al.，2012）。

在含有 ABA 的成熟培养基中，落叶松的体细胞胚胎 ABA 含量是相应合子胚的 100 倍；IAA 含量在两种类型的胚中无明显差异；几种细胞分裂素中只有玉米素的含量明显低于合子胚（von Aderkas et al.，2001）。

1.3.2.4 脂类与多胺

Reidiboym-Talleuxa 等研究分析甜樱桃（*Prunus avium*）体细胞胚胎与合子胚脂类的差异时，发现二者脂类成分较为相似，中性糖脂（NL）与卵磷脂（PC）是其中主要的成分；但这两种脂类在体细胞胚胎中的含量与未成熟合子胚较为接近；对体细胞胚胎进行冷处理，NL 与 PC 含量可提高到成熟合子胚的水平，同时胚发育成植株的频率由未处理的 0 提高到 14%。

多胺在胚胎发生过程中起重要作用。Gemperlová 等（2009）报道了挪威云杉体细胞胚胎与合子胚多胺含量的差异；与合子胚相比，成熟的体细胞胚胎亚精胺含量更高，腐胺含量更低，因此亚精胺与腐胺比例更高；体细胞胚胎萌发率低可能与此有关（Winkelmann，2016）。

1.3.3 合子胚与体细胞胚胎发生的差异机制研究

解析合子胚与体细胞胚胎发生差异的分子机制有利于挖掘关键调控因子，或借助分子手段突破体细胞胚胎发生的基因型差异瓶颈。火炬松与卵果松（*Pinus oocarpa*）体细胞胚胎和合子胚中 6 个与胚发育密切相关基因的表达：储藏蛋白类 Legumin-like 与 Vicilin-like，胚胎发生后期富集蛋白（LEA）、分生组织发育类 Clavata-like、转录因子 HD-Zip I 和 26S 蛋白酶调控元件 S2 相似的 RPN1 编码基因；发现两种胚类型的基因表达较为相似，但存在一定区别，如 Legumin-like、Vicilin-like 与 LEA 编码基因的表达量在体细胞胚胎中随着胚的成熟逐渐增加，在合子胚中到子叶后期显著地提高到最大水平。

Jin 等（2014）报道了棉花体细胞胚胎与合子胚 3 个不同阶段的转录组差异，发现胁迫响应基因在体细胞胚胎中表达量高于合子胚，主要包括上游的激素类相关基因（ABA、茉莉酸信号等）、激酶基因、转录因子等，以及下游的胚胎发生后期富集蛋白（LEA）基因、热激蛋白等。

Rode（2011）的博士论文详细描述了利用双向电泳凝胶（2-DE）方法，分析仙客来体细胞胚胎与合子胚蛋白组学差异的研究，并将蛋白质图谱公开在 www.gelmap.de/cyclamen 中。蛋白质谱的结果表明：糖酵解在合子胚与体细胞胚胎发生中扮演重要作用；丝氨酸／甘氨酸代谢在合子胚与体细胞胚胎中存在差异；体细胞胚胎处于一个更胁迫的状态中；储藏蛋白在合子胚中丰度更高；泛素介导的 26S 蛋白酶体途径是体细胞胚胎发生过程中从愈伤到球形胚、从球形胚到鱼雷胚所必需的。除了 2-DE 技术，基于稳定同位素标记的定量技术也是构建蛋白差异表达谱的重要方法；其中相对和绝对定量同位素标记（iTRAQ）技术是近 10 年发展迅速的主要技术之一，该技术体系准确度高，功能强大，可同时定量 4~8 个样品，可对体细胞胚胎、合子胚不同发育时期的蛋白质组进行同步分析，图 1-4 为利用 iTRAQ 技术构建体细胞胚胎与合子胚差异蛋白质表达谱可选用的技术路线图。

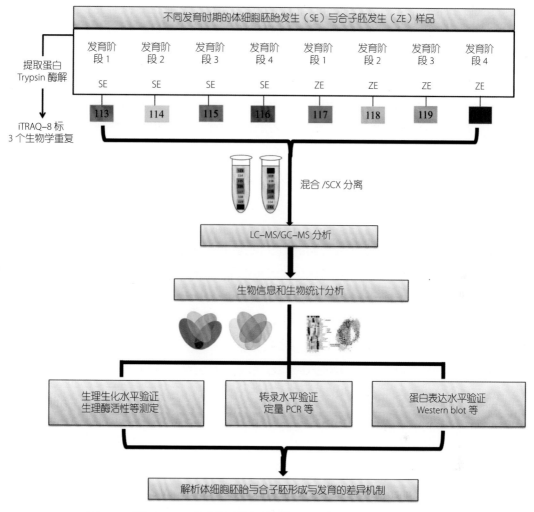

图 1-4　基于 iTRAQ 技术构建体细胞胚胎与合子胚差异蛋白质表达谱

组学技术的迅猛发展为系统分析两种生物学进程基因、蛋白质、代谢物的时空表达提供了便利。理想的系统组学分析应包括利用高效液相色谱 – 质谱（LC-MS）、高效气相色谱 – 质谱（GC-MS）技术构建差异代谢谱，将 SE 与 ZE 过程中的基因与蛋白表达、代谢物累积进行整合，从来系统解析体细胞胚胎与合子胚形成、发育的差异机制。

1.4　体细胞胚胎发生的调控研究

1.4.1　体细胞胚胎发生的动态追踪

体细胞胚胎发育的机制研究是有效调控 SE 过程、获得植株的基础，理想的方法是构建一个包含各个发育阶段表型、分子标记的胚胎形体构图，即命运图。命运图的每一个发育阶段的描绘，都需要一系列分子标记。挪威云杉的候选标记包括阿拉伯半乳糖蛋白（AGPs）的特定抗原表位、脂质转移蛋白和挪威云杉同源框基因 *PaHBI* 等。建成后，命运图可用于描绘 SE 进程，为进一步研究胚胎组织与器官的大小、诱导情况和模式建成提供依据（Filonova *et al.*，2000b）。

构建 SE 的命运图有两种方式，一种是采用细胞分离同步化技术（Osuga *et al.*，1999），另一种对单个原生质体、细胞和多细胞结构的发育做定时拍摄追踪（Somleva *et al.*，2000）。定时拍摄追踪方法产生的数据通常更一致，因为无须使用影响细胞周期的药物和离心处理，因而不会干扰胚胎发育，而且，该方法可根据特定标准预选单个细胞或细胞团，这样就能将分子探针与低分子量的荧光色素结合，或与绿色荧光蛋白融合后，注入组织内同步分析探针的动态与分布。

被子植物中，胡萝卜是 SE 及其分子机制研究最为透彻的物种。这主要是因为同步化技术和定时拍摄追踪技术在胡萝卜胚性细胞悬浮液上的应用效果都很好。利用定时拍摄追踪技术，前人分析了：a. 胚性潜力，即能发育成体细胞胚胎的细胞类型；b. 不同起始细胞类型 SE 的主要发育阶段；c. 不同起始细胞类型 SE 途径的异同点。应用定时拍摄追踪技术，前人也分析了裸子植物中挪威云杉 SE 的发育途径（Filonova *et al.*，2000a）。与胡萝卜不同的是，分馏粗提悬浮液获得的单细胞，无论是细胞质还是液泡细胞，都不能独立发育成体细胞胚胎。

通过构建命运图，前人发现挪威云杉的 SE 涉及两大时期，相应地可划分为更多特异性发育时期。第一大时期主要是 PEMs 的增殖，细胞团通过细胞组织与细胞数目明显不同的 3 个特征阶段（PEM 阶段 I、PEM 阶段 II 和 PEM 阶段 III）；第二时期从 PEM 阶段 III 重新开始，然后经历与合子胚发生一样的发育历程。另外，挪威云杉 SE 涉及两组程序性细胞死亡，分别负责 PEMs 的退化和胚柄的消亡。这类细胞凋亡事件可确保 SE 的正常进程，包括 PEMs 向体细胞胚胎的过渡和正确胚胎模式的建成（Filonova *et al.*，2000a；von Arnold *et al.*，2002）。

1.4.2　影响细胞分化的信号分子研究

探明控制植物体细胞胚胎中细胞分化的机制，是 SE 研究与应用的关键，前人研究表明，可溶性的信号分子可能参与其中。分析表明，胚性培养物在条件培养基（conditioned medium，CM）上可促进胚胎发生，而在培养了高度胚性培养物的 CM 上，非胚性培养物也可诱导胚胎发生；高浓度悬浮液预处理的 CM，也可诱导低浓度悬浮培养细胞的胚胎发生。CM 含有胚性细胞的分泌物，其维持、刺激 SE 的能力暗示了分泌型、可溶性信号分子的存在（von Arnold *et al.*，2002）。

1.4.2.1　胞外蛋白

在培养胚性培养物后的 CM 中，有一部分分泌蛋白是特异作用于体细胞胚胎发育的。例如胡萝卜中分离鉴定的糖基化酸性内切几丁质酶（endochitinase）：胡萝卜热敏变种 *ts11* 处于非适宜温度下时，球形胚阶段的 SE 被阻断；向 *ts11* 胚性培养物添加内切几丁质酶可恢复胚胎发生，促进胚形成。另外，甜菜中提取的内切几丁质酶可刺激挪威云杉体细胞胚胎的早期发育，这与胡萝卜上的结果较为一致。在胡萝卜的胚性培养物中，内切几丁质酶的基因表达与胚胎发生中起供养作用的细胞群体有关。前人也提出，几丁质酶可能参与了来自未知底物信号分子的裂解（Egertsdotter et al.，1998）。

1.4.2.2 阿拉伯半乳糖蛋白

研究发现，阿拉伯半乳糖蛋白（arabinogalactan-proteins，AGPs）对体细胞胚胎发育起着重要作用。AGPs 是由多肽、大型分支的糖链和脂质组成的复杂结构大分子组。AGPs 具有高碳水化合物 – 蛋白比例特征，通常 90% 的大分子为糖类，存在于细胞壁和质膜中。AGPs 的变化可改变 SE：

① AGPs 的失活抑制了 SE。在培养基中添加一种可结合 AGPs 的合成苯苷试剂后，胡萝卜和菊苣属（Cichorium）杂种的 SE 被阻断。利用抗体沉淀 AGPs 分子，同样抑制了甜菜体细胞胚胎的形成（Thompson et al.，1998；Butowt et al.，1999）。

②将 AGPs 添加到培养基中可以促进体细胞胚胎发生。从胡萝卜种子分离得到的 AGPs 可以恢复旧细胞系的胚性。从挪威云杉种子分离的 AGPs 可以促进挪威云杉胚性较低的细胞系生成更多的体细胞胚胎（Egertsdotter et al.，1995）。

1.4.2.3 脂质几丁寡糖

脂质几丁寡糖（lipochitooligosaccharides，LCOs）是一类促进植物细胞分裂的信号分子。前人发现，LCOs 也参与了体细胞胚胎的发育。根瘤菌分泌的 LCOs 信号分子——结瘤因子（nod factor）可替代生长素和细胞分裂素，促进胚性细胞的分裂。结瘤因子可刺激胡萝卜体细胞胚胎继续发育到球形胚后期，也可促进挪威云杉中的小细胞团发育成更大的 PEMs。在挪威云杉的胚性培养物中发现类似结瘤因子的 LCOs 化合物，其部分纯化组分可以刺激挪威云杉 PEMs 和体细胞胚胎的形成。在胡萝卜和挪威云杉胚胎发生体系中，根瘤菌结瘤因子可替代几丁质酶，在体细胞胚胎发育早期起作用（Dyachok et al.，2002；von Arnold et al.，2002）。

上述信号分子在体细胞胚胎中具有协同作用。前人假设，在内切几丁质酶作用下，AGPs 中释放出结构上类似于根瘤结瘤因子的内源 LCO，作为刺激体细胞胚胎发育的信号分子。

1.5 体细胞胚胎发生研究历程

1.5.1 植物体细胞胚胎发生研究史上的里程碑

生物学上每一个科学发现几乎都是不断尝试的结果，有时往往来自不同研究组不谋而合的思考与研究。自从 Haberlandt（1902）发表了具有里程碑性质的论文《细胞全能性理论》以来，好几个研究小组都致力于发展植物组织培养，这给 SE 研究奠定了坚实的基础，20 世纪 50 年代末体细胞胚胎的发现正是组织培养飞速发展的结果。当时，愈伤组织和悬浮培养已经成熟建立起来了，而细胞分裂素与生长素的研究正在进行。在 Waris 一系列经典文章问世前，已有报道指出了无性胚胎发生的发展方向。当从培养基中移除吲哚乙酸（IAA）时，胡萝卜愈伤组织可再生出根与芽；当组织被转移到不添加硫酸腺嘌呤的培养基时，胡萝卜培养物可生成小苗，首先产生芽，其后产生根。因此，得出结论：移除生长素将可形成根，随后可形成植株；减少组织的生长素含量将可形成芽，随后可形成植株。两者均得到降低组织 IAA 后可生成植株的结论，但在先有根或者先有芽方面有不同的观点。这两个偶然的发现开启了研究的新领域，也带来了诸多挑战，引起科研人员对在组织培养中获得根与茎的思考与尝试。

体细胞胚胎发生是由 3 个彼此独立的研究组偶然发现的，他们将这一重大结果先后公之于世，从此植物组织培养的基础研究揭开了飞速发展的序幕。其中第 1 篇论文的作者是芬兰科学家 Harry Waris。Waris 就职于赫尔辛基大学植物研究所，研究兴趣是氨基酸在不同种子萌发中的作用，涉及的氨基酸包括丙氨酸、精氨酸、亮氨酸、α–氨基丁酸、缬氨酸、天冬酰胺等。他的假设是：施用不同氨基酸将改变小苗发育过程中蛋白质合成的平衡，并发生形态改变。研究结果表明，施用 13.32 mmol · L^{-1} 或 53.28 mmol · L^{-1} 甘氨酸 3 ~ 4 个月后，原来的小苗几近死亡，但其根尖出现小的颗粒，进而生成新的绿色植株。这一报道在 1957 年 3 月作为大会报告在芬兰生物化学、生物物理和微生物学会上宣讲。1957 年 11 月，Waris 在芬兰科学院做了《化学诱导—种开花植物的形态变化》（*A chemically-induced change in the morphogenesis of a flowering plant*）的报告，随后报告内容发表在《芬兰科学与文学院会议论文集》上；在报告中，Waris 陈述了甘氨酸对胡萝卜的作用效果，即生成后人所指的胡萝卜体细胞胚胎。12 月，在生化学家 Jorma K. Miettinen 博士的协助下，他们共同在 *Physiologia Plantarum* 上发表了论文《甘氨酸诱导水芹新形态发生的化学研究》（*A chemical study of the neomorphosis induced by glycine in Oenanthe aquatica*）。Waris 未命名其结构为"胚胎"或者类似的名称，而是用了新形体、新形态发生分别来介绍体细胞胚胎与体细胞胚胎发生。在接下去的 4 年内，Waris 发表了两篇介绍水芹属新形态发生的文章。在 SE 的研究史上，Waris 的文章不但是第 1 篇记载体细胞胚胎发生的文章，也是第 1 篇报道不同氮源对植物细胞形态发生效果的文章。

与此同时，在美国康乃尔大学植物系工作的 Frederick C. Steward 致力于研究悬浮培养的生长与增殖的不同途径。1958 年 6 月，他提交了两篇文章，这两篇文章接连发表在 *American Journal of Botany* 期刊上。在第 1 篇文章中报道了游离的胡萝卜、花生和土豆悬浮细胞的生长与形态特征。第 2 篇文章描述了在以椰子奶为介质的液体培养基中，小团的悬浮细胞易于生根的现象；并发现，在半固体培养基中培养根之后，在根位置的相反方向将生成茎，最终发育为完整的小植株；记载了从形成层状细胞鞘发育为胚状结构的有序过程，这一过程让人联想到从合子胚发育成植株的过程，Steward 准确地观察到先生成维管组织再生成根的过程，并推断出这个发育过程符合"原胚"的特征。

体细胞胚胎发生研究史上的第 3 篇文章是由德国图宾根大学植物所的 Jakob Reinert 发表的。这篇文章于 1959 年 2 月投稿到期刊 *Planta* 上。该研究提出，将带有根的胡萝卜愈伤组织转移到含有多种有机化合物（包括肌糖、胆碱、核黄素、生物素、泛酸钙、抗坏血酸、次黄嘌吟、氨基酸，IAA 及 2,4–D）的怀特培养基上，可诱导胡萝卜芽的形成。其后完全培养基配方都是建立在怀特培养基配方之上。通过更换培养基，Reinert 可控制根与茎的形成，他推断出茎来自双极性的不定胚。

这些具有里程碑性质的论文在几年之后就得到验证，体细胞胚的第 1 套图片也得到发表。外植体的来源扩展到毛曼陀罗（*Datura innoxia*）的花药。在随后的几年，越来越多的物种和不同的外植体被应用于研究体细胞胚胎发生进程，而胡萝卜仍是研究最多的物种，也因此成为体细胞胚胎发生研究的模式植物。表 1–2 列出了 1958—1967 年发现体细胞胚胎发生现象，在体细胞胚胎发生研究上取得成功的报道（Loyola–Vargas，2016）。

表 1–2　植物体细胞胚胎发生研究取得成功的报道（1958—1967 年）

物种	外植体	参考文献
水芹 *Oenanthe aquatica*	体细胞胚胎	Miettinen *et al.*，1958；Waris，1959
胡萝卜 *Daucus carota*	悬浮培养基	Steward *et al.*，1958
胡萝卜 *Daucus carota*	愈伤组织	Reinert，1959
大麦 *Hordeum vulgare*	合子胚	Norstog，1961
大花菟丝子 *Cuscuta reflexa*	合子胚	Maheshwari *et al.*，1961、1962
五蕊寄生属植物 *Dendrophthoe falcata*	合子胚	Johri *et al.*，1962
胡萝卜 *Daucus carota*	愈伤组织	Kato *et al.*，1963
胡萝卜 *Daucus carota*	愈伤组织	Wetherell *et al.*，1963
胡萝卜 *Daucus carota*	种子	Steward *et al.*，1964
毛曼陀 *Datura innoxia*	花药	Guha *et al.*，1964
石龙芮 *Ranunculus sceleratus*	悬浮培养物 / 茎	Konar *et al.*，1965
烟草 *Nicotiana tabacum*	愈伤组织	Haccius *et al.*，1965
胡萝卜 *Daucus carota*	愈伤组织	Reinert *et al.*，1966
旱芹 *Apium graveolens*	愈伤组织	Reinert *et al.*，1966
栽培菊苣 *Cichorium endivia*	愈伤组织	Vasil *et al.*，1966
欧芹属植物 *Petroselinurn hortense*	愈伤组织	Vasil *et al.*，1966
茄子 *Solanum melongena*	愈伤组织	Yamada *et al.*，1967

1.5.2　松树体细胞胚胎发生研究历程

SE 技术建立发展之后，在裸子植物中也大量开展了体细胞胚胎发生研究，但大部分裸子植物物种存在再生困难的问题，因而，许多物种停留在实验室研发阶段。针叶树种中率先突破体细胞胚胎发生技术的是挪威云杉（*Picea abies*）与欧洲落叶松（*Larix decidua*），而后主要的研究集中在松科（Pinaceae）上，包括云杉属（*Picea*）、松属（*Pinus*）、落叶松属（*Larix*）和冷杉属（*Abies*），其次为柏科（Cupressaceae）。在红豆杉科（Taxaceae）、三尖杉科（Cephalotaxaceae）和南洋杉科（Araucariaceae）也有零星报道（Klimaszewska *et al.*，2016）。

作为世界上重要的商品林树种，松树的体细胞胚胎发生研究不但是相关科研院所开展基础与应用基础研究的热门领域，也是很多纸业公司或生物技术公司开展育种与繁育的研发热点，特别是一些知名的林木公司在松树体细胞胚胎发生研究上做出了很大贡献，并申请、授权了一系列专利，如美国爱博金公司（ArborGen）、惠好公司（Weyerhauser）在火炬松体细胞胚胎重要技术上的突破，爱博金新西兰分公司、森林遗传有限公司（Forest Genetics Ltd.）及法国 FCBA 在辐射松体细胞胚胎上的突破等。最早在松树 SE 技术上取得突破的重要报道包括：Smith 等 1985 年首次报道以含有发育中合子胚的雌配子体做外植体诱导体细胞胚胎发生的方法；Gupta 等 1986 年首次在糖松（*Pinus lambertiana*）成熟胚的愈伤中诱导了体细胞胚胎，1987 年首次报道了火炬松的体细胞胚胎发生过程并描述了"体细胞多胚胎发生"这一胚团增殖的过程。

1985—2008 年大约有 27 个松属树种成功诱导了体细胞胚胎（表 1–3），其中 22 个获得再生植株。从中也总结出，未成熟合子胚是松树体细胞胚胎诱导最为有效的外植体，一般采用雌配子体（MG），包括多胚阶段（MG–PEP）和子叶形成前期（MG–PC），如华山松（*P. armandii var. amamiana*）、北美短叶松（*P. banksiana*）、土耳其松（*P. brutia*）、加勒比松（*P. caribaea*）等；也有采用取出来的合子胚（EE），同样包括多胚阶段（EE–PEP）和向子叶阶段过渡的时期（EE–PC）。在成熟的胚（EE–M）中也有树种成功诱导了体细胞胚胎，如西藏白皮松（*P. gerardiana*）、红松（*P. koraiensis*）、糖松（*P. lambertiana*）、马尾松（*P. massoniana*）和乔松（*P. wallichiana*），且诱导率较高。另外，Malabadi 等利用大树的营养器官（VA），成功诱导了思茅松（*P. kesiya*）与西藏长叶松（*P. roxburghii*）。虽然以成熟胚、营养器官作为外植体一般获得的诱导率都很低，但如能替代未成熟合子胚，可不受外植体采样时期的限制。

表 1–3　松属树种体细胞胚胎发生研究的报道（1985—2008 年）

树种	外植体	诱导培养基	诱导添加激素	诱导率	诱导结果	参考文献
华山松 *Pinus armandii var. amamiana*	MG–PC	改良 EM	10μmol·L⁻¹ 2,4–D，5μmol·L⁻¹ BAP	1.5%	SE, PL	Maruyama *et al.*，2007
北美短叶松 *P. banksiana*	MG，EE	1/2 Litvay；DCR	10μmol·L⁻¹ 2,4–D，5μmol·L⁻¹ BAP	0.4%	SE, PL, CR	Park *et al.*，1999
土耳其松 *P. brutia*	MG–PC	补充的 DCR	13.6μmol·L⁻¹ 2,4–D，2.2μmol·L⁻¹ BAP	11.6%	SE, PL	Yildrim *et al.*，2006
白皮松 *P. bungeana*	EE–PC	DCR	10mg·L⁻¹ 2,4–D，4 mg·L⁻¹ BAP	84.4%	SE	Zang *et al.*，2007

续表

树种	外植体	诱导培养基	诱导添加激素	诱导率	诱导结果	参考文献
加勒比松 *P. caribaea*	MG–PEP	LPG	10μmol · L^{-1} 2,4–D, 5μmol · L^{-1} BAP	5%	SE, PL, CR	Laine et al., 1990; David et al., 1995
赤松 *P. densiflora*	MG–PC	改良 DCR; 改良 LP	10μmol · L^{-1} 2,4–D, 5μmol · L^{-1} BAP	2.9%；1%/5%	SE, PL	Taniguchi et al., 2001; Shoji et al., 2006
湿地松 *P. elliottii*	EE–PEP	WPMG; MNCI	20μmol · L^{-1} 2,4–D, 5μmol · L^{-1} BAP; 20μmol · L^{-1} 2,4–D, 5μmol · L^{-1} BAP, 2.5μmol · L^{-1} Kinetin	2%~6%/9%	SE, PL	Jain et al., 1989; Newton et al., 2005
西藏白皮松 *P. gerardiana*	EE–M	1/2 MSG	9μmol · L^{-1} 2,4–D	81.2%	SE, PL	Malabadi et al., 2007
波士尼亚松 *P. heldreichii*	MG–PC	Gresshoff and Doy	2mg · L^{-1} 2,4–D, 0.5mg · L^{-1} BAP	6.7%	SE	Stojicic et al., 2007
思茅松 *P. kesiya*	EE–M; VA; EE–PC	改良 1/2 MS; 1/2 DCR	22.6μmol · L^{-1} 2,4–D, 26.9μmol · L^{-1} NAA, 8.87μmol · L^{-1} BAP	ND/86%/0~46%	SE, PL	Malabadi et al., 2002; Choudhury et al., 2008
红松 *P. koraiensis*	EE–M	补充的 Litvay	10μmol · L^{-1} 2,4–D, 5μmol · L^{-1} BAP	14.7%（3周）	SE	Bozhkov et al., 1997
糖松 *P. lambertiana*	EE–M	改良 DCR	3–500mg · L^{-1} 2,4–D	4%~5%	SE, PL	Gupta et al., 1986; Gupta et al., 1995
马尾松 *P. massoniana*	EE–M	DCR	10mg · L^{-1} 2,4–D, 4 mg · L^{-1} Kinetin, 4 mg · L^{-1} BAP	17%~45%	SE, PL	Huang et al., 1995
加州山松 *P. monticola*	MG–PEP to PC	改良 Litvay	2.25μmol · L^{-1} 2,4–D, 2.25μmol · L^{-1} BAP	0.8%~6.7%	SE, PL, CR	Percy et al., 2000
欧洲黑松 *P. nigra*	MG–PC	DCR	2mg · L^{-1} 2,4–D, 0.5 mg · L^{-1} BAP	2%/7%~9%	SE, PL	Salajova et al., 1992; Salaj et al., 2006
长叶松 *P. palustris*	MG–PC	改良 MSG; DCR	3mg · L^{-1} 2,4–D, 0.5 mg · L^{-1} BAP	3.5%	SE	Nagmani et al., 1993
展叶松 *P. patula*	MG–PEP; VA	补充的 DCR	3mg · L^{-1} 2,4–D, 0.5 mg · L^{-1} BAP	2.6%~8.5%	SE, PL, CR	Jones et al., 1993; Ford et al., 2005

续表

树种	外植体	诱导培养基	诱导添加激素	诱导率	诱导结果	参考文献
海岸松 *P. pinaster*	MG-PEP；EE-PEP；EE-PC	H 培养基；改良 Litvay	2.2mg · L⁻¹ 2,4-D，1.1 mg · L⁻¹ BAP；9μmol · L⁻¹ 2,4-D，4.4μmol · L⁻¹ BAP	5%~19%/93%	SE，PL，CR	Bercetche *et al.*，1995；Lelu-Walter *et al.*，2006
辐射松 *P. radiata*	MG-PC	改良 EM；改良 SH	ND/ ± 1~2 mg · L⁻¹ 2,4-D	ND/40%	SE，PL，CR	Smith *et al.*，1985；Aquea *et al.*，2008
刚松 × 火炬松 *P. rigida × P. taeda*	MG-PEP	改良 P6	13.5μmol · L⁻¹ 2,4-D，4.4μmol · L⁻¹ BAP	1.1%	SE，PL	Kim *et al.*，2007
西藏长叶松 *P. roxburghii*	MG；EE-PC；SN	DCR	10μmol · L⁻¹ 2,4-D，5μmol · L⁻¹ BAP	9.6%/46%~65%	SE，PL，CR	Arya *et al.*，2000；Mathur *et al.*，2003
晚松 *P. serotina*	MG；EE	改良 MS；改良 DCR1	2~5mg · L⁻¹ 2,4-D 或 NAA，0~1 mg · L⁻¹ BAP；	12%	SE	Becwar *et al.*，1988
北美乔松 *P. strobus*	MG-PC	改良 DCR	2 mg · L⁻¹ 2,4-D，1 mg · L⁻¹ BAP；	54%/2.6%~23%	SE，PL，CR	Finer *et al.*，1989；Garin *et al.*，2000
欧洲赤松 *P. sylvestris*	MG-PEP；VA	MSG；改良 Litvay	9 μmol · L⁻¹ 2,4-D，4.4μmol · L⁻¹ BAP	5%/22%	SE，PL	Keinonen *et al.*，1996；Niemi *et al.*，2007
火炬松 *P. taeda*	MG-PC；MG-PEP	改良 1/2 MS	11 mg · L⁻¹ 2,4-D，4.3 mg · L⁻¹ Kinetin，4.5 mg · L⁻¹ BAP	9%~10%/20%~33%	SE，PL，CR	Gupta *et al.*，1987；Becwar *et al.*，2008
黑松 *P. thunbergii*	MG-PC	改良 DCR；改良 LP	10 μmol · L⁻¹ 2,4-D，5μmol · L⁻¹ BAP	8%；3%/2%	SE，PL	Taniguchi *et al.*，2001；Maruyama *et al.*，2005
乔松 *P. wallichiana*	EE-M	MSG	9 μmol · L⁻¹ 2,4-D，2 μmol · L⁻¹ 24-epibrassinolide	61%~92%	SE，PL	Malabadi *et al.*，2007

注：MG（megagametophyte），雌配子体；EE（excised embryo），离体合子胚；PC（precotyledonary embryos），子叶胚；PEP（poly embryony phase），多胚；C（cotyledonary），子叶；M（mature），成熟；VA（vegetative apices from mature trees），成年树顶芽；SN（secondary needles from mature trees），成树次生针叶；SE（somatic embryos），体细胞胚；PL（plants），植株；CR（success in cryopreservation），超低温保存；ND（no data presented），无相关数据。

据估算，到 2011 年，全球生产了几亿株的松树体细胞胚胎苗木，体细胞胚胎苗木的价格远高于控制授粉种子苗。体细胞胚胎苗木仅占松树苗木市场极少的一部分，主要原因是松树的体细胞胚胎发生技术仍存在一些共性问题：

①从种子外植体获得的体细胞胚胎诱导率低下，随着胚团继代次数的增加，体细胞胚胎再生能力降低或丧失。

②可进入成熟步骤的基因型较少，成熟的胚量少。

③成熟阶段后期体细胞胚胎质量低下。

④体细胞胚胎植株在田间的初始生长不如种子苗。

在商业化应用的松树中，火炬松是 SE 研究报道最多的，研究覆盖了 SE 的每一个阶段。常用的火炬松培养基包括 DCR、MSG、改良 P6 和 MV5 等；Pullman 等（2011）报道了火炬松一整套的培养基配方，并详细介绍了从诱导到再生植株的操作步骤。美国爱博金公司与惠好公司在火炬松的 SE 技术与超低温冻存技术产业化应用方面最具代表性。

自 1989 年 Jarlet-Hugues 首次报道海岸松 SE 技术以来，海岸松的 SE 技术在法国和葡萄牙得到较为深入的研究与应用，法国 FCBA 自 1993 年以来，获得了 1 700 个以上的胚性细胞系，并对优良基因型进行冻存；1999 年以来营建了体细胞胚胎苗木的田间测试林，对来自 25 个优良家系的 100 个超低温冻存的无性系进行测定，2 年生体细胞胚胎苗木高度超过 2 m，与种子苗的长势和形态一致；2004 年营建的 24 个无性系试验林数据表明，体细胞胚胎苗木初始生长速率不如种子苗，但 6 年后生长与种子苗相似或超过种子苗（Klimaszewska et al.，2016）。

在新西兰与澳大利亚，利用辐射松体细胞胚胎苗木培育采穗母株，获得扦插苗木，建立了多块试验林，分析无性系的遗传稳定性。总体上，在新西兰的立地条件下，5 年生无性系稳定性良好。新西兰森林遗传有限公司（Forest Genetics Ltd.）自 1999 年营建了体细胞胚胎苗木试验林。田间试验结果表明，一些体细胞胚胎无性系的表现优于种子苗与扦插苗。

松树体细胞胚胎发生技术

松属树种（松树）大部分天然分布于北半球国家，在南半球有大量种植。根据国际森林管理委员会（Forest Stewardship Council）2012 年的报道，在全球范围，松树种植面积占据人工林的 46%（5 340 万公顷）。自 20 世纪 80 年代以来，国内外不同实验室在主要的松树商品林树种中建立了体细胞胚胎发生 – 植株再生的技术体系。松树不同物种、不同基因型的合子胚发育存在明显差异，因此 SE 的过程也不尽相同。对于新的物种，借鉴其他同属物种的成功经验，对每一个步骤进行尝试与改良，是最终建立适宜 SE 技术体系的有效策略。本章在前人建立的辐射松（*Pinus radiata*）、海岸松（*P. pinaster*）、北美乔松（*P. strobus*）、欧洲赤松（*P. sylvestris*）等 SE 与植株再生技术基础上，结合编者在湿地松（*P. elliottii*）、火炬松（*P. taeda*）和湿加松（*P. elliottii* × *P. caribaea*）上探索获得的经验方法，对胚性细胞诱导、增殖、体细胞胚胎成熟、萌发过程进行详细介绍。

2.1　松树体细胞胚胎发生研究的前期准备

2.1.1　体细胞胚胎发生研究实验室的建设

2.1.1.1　体细胞胚胎发生研究实验室的基本构造

体细胞胚胎发生研究实验室（简称体胚室）的最基本构架应包括配制室、接种室、培养室和超低温冻存室，拓展区域包括前处理、显微观测、生物反应器等区域，建议分为以下 4 个功能区域摆放仪器：

（1）配制室

包含洗涤与培养基配制两个功能。用于药品储存、培养基配制、培养皿与锥形瓶等的洗涤。如果大量使用一次性培养皿，洗涤区可相应缩小；相反地，如果洗涤量较大，洗涤区应与配制区分开，并安装大型水池（条件允许可安装 2 个）。主要仪器设备包括高压灭菌锅（图

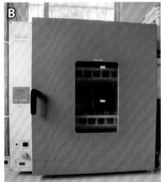
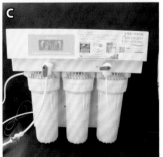

A. 高压灭菌锅；B. 烘箱；C. 纯水机

图 2-1　体胚室配制区一

2-1A)、烘箱（图 2-1B）、纯水机（图 2-1C）、冰箱（图 2-2A）、洗涤池（图 2-2B）。小型仪器设备（图 2-2C）包括 pH 计、分析天平、磁力加热搅拌器、电导率仪、移液器。

A. 冰箱；B. 洗涤池；C. 小型仪器设备（左起：分析天平、磁力加热搅拌器、pH 计）

图 2-2　体胚室配制区二

（2）接种室

分缓冲区与洁净区两个区域。在缓冲区有更衣、储存球果、存放培养基的功能，有条件的拓展显微观测与遗传稳定性分析的功能，设置更衣处、体视显微镜（图 2-3A）、生物显微镜（图 2-3B）、推车与冰箱（如有条件可选用恒温冷藏箱，图 2-3C）、流式细胞仪（如有条件可配置，也可到其他实验室使用）。

洁净区用于诱导、增殖、熟化等需无菌操作的各种步骤。在我国北方干燥环境下，接种室不必与其他功能区独立；但南方（特别是广东地区）潮湿多菌环境下，接种间最好独立房间，保证无尘。接种间主要的设备是超净工作台（图 2-4A）。相应小型设备包括真空泵（图 2-4B）、布氏漏斗（图 2-4C）、分析天平。控制环境的设备包括冷暖空调、抽湿机（图 2-4D、图 2-4E）、臭氧发生机（图 2-4F）。接种间天花板还应安装紫外灯。

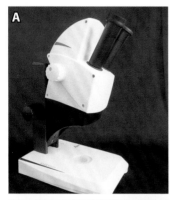

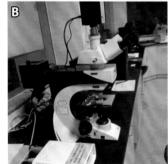

A. 体视显微镜；B. 生物显微镜；C. 恒温冷藏箱

图 2-3　接种室缓冲区

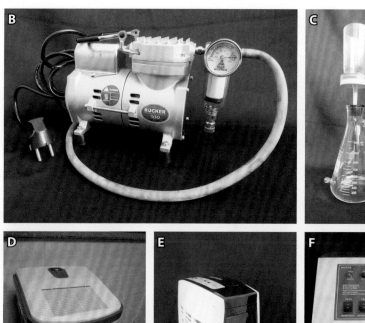

A. 超净工作台；B. 真空泵；C. 布氏漏斗；D~E. 抽湿机；F. 臭氧发生机

图 2-4　接种室洁净区

（3）培养室

可分开固体培养区与液体培养区两个区域。与接种室一样，在南方潮湿环境下，培养室相对独立且严格控制湿度，对于降低污染率至关重要。因此，南方地区最好配置冷暖空调、抽湿机、温湿度计（图 2-5A）、臭氧发生机。

固体培养区用于诱导阶段的暗培养、增殖阶段的固态培养及成熟与萌发培养。主要设备设施包括培养架和照明系统。

液体培养区用于增殖阶段的液体培养及预成熟阶段的悬浮培养，主要仪器为恒温摇床（或振荡培养箱）（图 2-5B、图 2-5C）；根据拓展需要可购置小型生物反应器（图 2-5D）。

在瑞典等欧洲国家，林业公司致力于开发挪威云杉体细胞胚胎自动化成苗的仪器，利用生物反应器增殖培养，继而在液流系统中将成熟阶段符合规格的胚挑选出来，从而在节约人工与费用的前提下，实现每年 1 000 万体细胞胚胎苗木的生产能力，但该系统用在松树上，仍存在成熟度不一致的问题。

（4）超低温冻存室

用于胚性细胞系的超低温冻存，主要仪器为程序降温仪（图 2-6）与液氮罐。

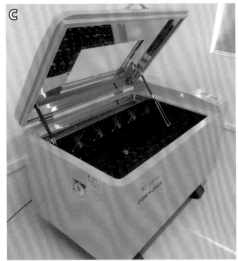
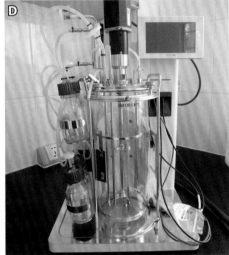

A. 温湿度计；B~C. 恒温摇床；D. 小型生物反应器

图 2-5　培养室液体培养区

图 2-6　超低温冻存室程序降温仪

2.1.1.2 培养室的照明（图 2-7）

　　光照是 SE 过程一个重要的培养条件，不同的成熟配方采用黑暗培养与 5 μmol·m^{-2}·s^{-1} 的弱光培养，均能完成胚熟化。萌发过程有的培养要求低至 1.6 μmol·m^{-2}·s^{-1} 的光照强度适应 2 周，而后转到 47 μmol·m^{-2}·s^{-1} 的光照强度下培养；有的则要求暗培养后在 7 μmol·m^{-2}·s^{-1} 的光照强度下培养（Pullman *et al.*，2011）。这种情况一般需定制光源。前人大多使用冷荧光光源（如 Phillips F72T12/CW，56 W）。为在一个培养架中满足不同阶段的照明要求，编者设计了一种光强可调的照明装置，并申报了实用新型专利（201721213578.0）。设计的光源包括灯管座以及安装在所述灯管座上的 LED 灯珠，LED 灯珠中包括红色 LED 灯珠和蓝色 LED 灯珠，红光波长为 655 ~665 nm，蓝光波长为 450~460 nm，红光与蓝光灯珠的数量比例是 4：1；通过直流电源和微电脑时控开关与光源电连接，可经由直流电源控制光源设定光强度，微电脑时控开关设定

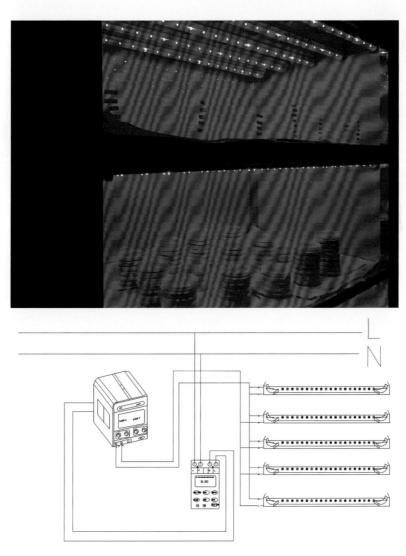

图 2-7　培养室的照明装置及其设计

光照时间和周期，可实现低至 1 μmol · m^{-2} · s^{-1} 的低光照强度，且光照强度均匀。

2.1.1.3　体胚室的维护

（1）体胚室环境的控制

室内温度通过冷暖空调维持，控制（24±1）℃；湿度通过空调与抽湿机控制，维持在 20% 左右。无菌环境的实现：所有人员进入接种室缓冲区，更换实验服，戴口罩、手套，减少外来细菌污染；每日实验工作完成，用二氯异氰尿酸钠（10% 有效氯含量）消毒粉：水（10 g ∶ 1 L）混合，擦拭工作台、地面；消毒擦拭完成，臭氧发生机计时工作 3 h，对缓冲区、洁净区和培养室进行杀菌，排除白天实验人员进出可能带入的污染；缓冲区在下班后用紫外灯杀菌 30 min。

（2）体胚室设备的维护

①高压灭菌锅：灭菌前保证灭菌锅内有适量的水；锅内使用的水应为去离子水，减少水垢的产生；培养基灭菌后，应及时清理高压灭菌锅内的水，避免长菌。

②超净工作台：使用前用紫外光照射 20 min，再用 75% 酒精擦拭 2 遍；每 2 个月使用风速计测量工作区平均风速，若不符合标准，应进行调节。

③液氮罐：及时补充液氮，维持超低温环境，安全阀门和压力表要定期检查。

④分析天平、pH 计等注意日常维护。

（3）药品的储存

常规化学药剂储存于常温干燥、阴凉的药品柜，危化品存放于危化品室，特殊药品根据其储存条件储存于 4 ℃或 −20 ℃冰箱保存。

2.1.2　试剂耗材与培养基配制

2.1.2.1　常用试剂药品及配制

常规的大量元素与微量元素选用国产化学纯药品，为避免多次称量的误差及提高配制效率，可根据各元素在培养基中的含量，将药品配制成浓缩 10× 的大量元素或 100× 的微量元素母液，用于配制培养基时稀释。含有铁、铜等微量元素的母液，在配制过程及配制后应用铝箔纸遮光，或储存于棕色瓶中。母液保存于冰箱 4 ℃，不超过 1 个月。

肌醇（myo-inositol）、水解络蛋白（casein hydrolysate）和芸苔素内酯（brassinolide）可购买 Sigma 试剂级，效果较好，其他植物生长调节剂根据经费预算选购。植物生长调节剂可灭菌后，在 −20 ℃冰箱贮存高浓度工作液备用。

凝胶有人选用植物凝胶（Phytagel）、琼脂和水晶洋菜，编者经验发现，植物凝胶在湿地松上效果最好。

2.1.2.2　常用耗材

常用耗材包括培养皿、封口膜、50 mL 离心管（配试剂用）、蓝盖瓶（配母液用）、125 mL 和 250 mL 锥形瓶（振荡培养用）、玻璃瓶（萌发后期可选用）、镊子与解剖刀、抽滤膜（图

2–8）。培养皿可用一次性塑料培养皿或玻璃培养皿，长期使用经验显示一次性无菌培养皿效果更好。

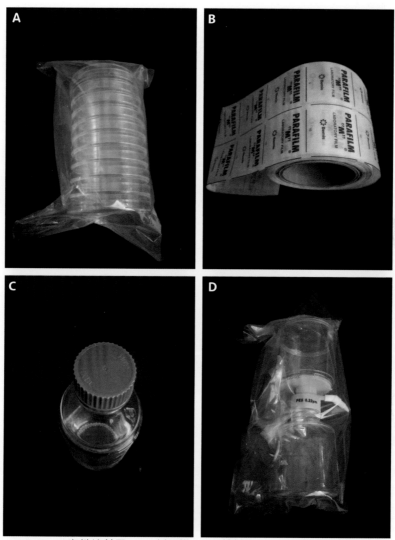

A. 一次性培养皿；B. 封口膜；C. 蓝盖瓶；D. 大容积抽滤膜

图 2-8　常用耗材

2.1.2.3　药品灭菌方法

①高温高压灭菌法，121 ℃，灭菌 15 min，适用于无机盐、有机营养物、水、植物凝胶、活性炭、可耐高温高压的氨基酸、可耐高温高压的植物生长调节剂。

②抽滤法，包括混合纤维素（MCE）膜抽滤，直径 25 mm，孔径 0.22 μm，适用于无机溶剂溶解的试剂药品；聚偏二氟乙烯（PVDF）膜抽滤，直径 25 mm，孔径 0.45 μm，适用于有机溶剂溶解的试剂药品。

一部分氨基酸是可以高压灭菌的，如精氨酸、甘氨酸、异亮氨酸、亮氨酸、赖氨酸等。但谷氨酰胺、天冬酰胺、天冬氨酸、半胱氨酸、色氨酸、络氨酸则最好用抽滤灭菌。其中 SE 中最常用的是谷氨酰胺。

　　植物生长调节剂有一类是可以高温高压灭菌的（CA），一类必须抽滤（F），还有一部分是高温高压灭菌后丧失一部分活性的，但可以通过增加浓度的方法补充（CA/F），SE 技术中常用植物生长调节剂配制时推荐的溶剂与灭菌方法见表 2-1。

表 2-1　常用植物生长调节剂灭菌方式

植物生长调节剂名称	常用名称	分子量	溶剂	灭菌方法
2,4-Dichlorophenoxyacetic acid	2,4-D	243	H_2O	CA
alpha-Naphthaleneacetic acid	萘乙酸（NAA）	186.2	1N NaOH	CA
Indole-3-butyric acid	吲哚丁酸（IBA）	203.2	EtOH/1N NaOH	CA/F
6-Benzylaminopurine	6-BA/BAP	225.3	1N NaOH	CA/F
Kinetin	激动素（KT）	215.2	1N NaOH	CA/F
N-（2-Chloro-4-pyridyl）-N'-phenylurea）	4-CPPU	247.7	DMSO	F
Zeatin	玉米素（ZT）	219.2	1N NaOH	CA/F
（±）-cis，trans-Abscisic acid（ABA）	脱落酸（ABA）	264.3	1N NaOH	CA/F
Brassinolide	油菜素内酯（Br）	480.7	DMSO	F

2.2　松树体细胞胚胎发生外植体选择

2.2.1　材料的来源

　　大量研究表明，松树体细胞胚胎的诱导受遗传控制，亲本树体的遗传特性是影响体细胞胚胎起始诱导的最基本因素。前人对欧洲赤松双列杂交子代的分析结果表明，母本效应对诱导起始作用大于父本效应，但特殊配合力无明显作用（Niskanen *et al.*，2004）。Mackay 等（2006）分析了培养处理与家系对火炬松体细胞胚胎诱导频率的作用效应，结果表明，处理的方差分量占总表现方差的 42%，家系效应占 22%，处理与家系的互作也存在显著作用，占 13%，说明不同基因型适宜的诱导处理存在差异；该研究进一步以体细胞胚胎诱导率从低到高的亲本开展了正反交试验，分析结果表明，通过育种手段可改良火炬松体细胞胚胎诱导率。另外，Hargreaves 等（2011）提出，外界条件可改变遗传特性对体细胞胚胎诱导率的影响，报道中发现，所有辐射松家系（例子中为 20 个全同胞家系）都可通过优化处理条件提高诱导频率。

　　总体上，对于初次开展 SE 研究的物种，或初次探索 SE 技术的实验室，一开始先采用大量的不同来源基因型是较为明智的选择，只有技术成熟后，才便于对难诱导的基因型通过遗传手段或改进处理方法提高诱导率。

2.2.2 不同合子胚发育阶段外植体

尽管前人以成龄松树的外植体和成熟胚为外植体成功诱导了体细胞胚胎，但普遍的观点仍认为，未成熟的合子胚是松树体细胞胚胎诱导最理想的外植体，本章节也重点介绍以未成熟合子胚为外植体的 SE 技术体系。实际诱导操作中，一般采用的是包含胚的整个雌配子体（Pullman et al.，2011），在操作上比取出的胚方便很多。近年来，不同松属树种以半同胞或全同胞家系不同发育阶段合子胚为外植体的诱导率如表 2-2 所示，以未成熟合子胚为外植体，诱导率可高达 96%，也可能是 0（Lelu-Walter et al.，2016）。另外，前人也报道了将辐射松的胚取出，直接作为外植体的研究，诱导率在 44% 以上（Hargreaves et al.，2009、2011）。

表 2-2　近年来所报道的松属树种体细胞胚胎发生诱导率

树种	合子胚发育阶段	诱导率	参考文献
赤松 Pinus densiflora	未知	0	Kim et al.（2014）
意大利石松 P. pinea	子叶期前	< 1%	Carneros et al.（2009）
琉球松 P. luchuensis	子叶胚	1%	Hosoi et al.（2012）
地中海松 P. halepensis	子叶期前	2%~7%	Montalbán et al.（2013）
卵果松 P. oocarpa	早期阶段	2%~9%	Lara-Chavez et al.（2011）
欧洲黑松 P. nigra	未知	2%~10%	Salaj et al.（2014）
海岸松 P. pinaster	合子胚不同发育时期	0~82% 65%~96%	Humánez et al.（2012） Trontin et al.（2016）
欧洲赤松 P. sylvestris	早期阶段	0~30%	Aronen et al.（2009）
北美乔松 × 乔松 F₂ P. strobus × P. wallichiana	合子胚不同发育时期	52%	Daoust et al.（2009）
火炬松 P. taeda	早期 - 子叶胚早期	6%~43%	Pullman et al.（2015）
辐射松 P. radiata	子叶期前	0~73% 24%~60%	Hargreaves et al.（2011） Montalbán et al.（2015）
	子叶期前 - 取出的胚	47%~97% 44%~93%	Hargreaves et al.（2009） Hargreaves et al.（2011）

在松树球果未成熟前，监测合子胚发育阶段，从而选取适宜的采样时间，可极大地降低后续操作的盲目性，提高诱导的频率。以广东台山的湿地松为例，大孢子叶球（图 2-9A）逐渐发育为球果，球果逐渐变大，闭合的鳞片由绿色（图 2-9B、图 2-9C）逐渐变成黄色，最佳采样时期一般为球果呈绿色到黄绿色的阶段（图 2-9D）。

图 2-9　湿地松球果的发育阶段

火炬松在未成熟合子胚阶段，球果一般呈绿色（图 2-10A），剥开球果（图 2-10B），取出里面的种子（图 2-10C）。用解剖刀去除种皮，米粒状组织即为用于诱导的雌配子体（胚及胚乳）。

图 2-10　火炬松未成熟球果及种子

用解剖刀小心切开雌配子体，可以观察到胚，合子胚发育早期较难观察到，中期较为明显，可用解剖针小心挑出，在体视显微镜下观察、拍照，后期直接切开已经可以见到子叶的形态（图 2-11）。

左列图为米粒状雌配子体，中间列为切开的形态，右列图为取出的胚
每列从上到下成熟度增加

图 2-11 湿地松雌配子体与相应的胚

根据前人对松属合子胚发育阶段划分标准，将湿地松合子胚发育划分为 8 个阶段：阶段 I，胚柄细胞为长形，且高度液泡化透明细胞，如图 2-12A；阶段 II，多个胚明显发育，胚体仍较为透明，如图 2-12B；阶段 III，胚头清晰，胚体渐变为不透明，如图 2-12C；阶段 IV，胚头发育成圆形，胚体整体在显微镜下清晰可见，如图 2-12D；阶段 V，胚头呈圆状，胚体由头至下开始出现乳白色，如图 2-12E；阶段 VI，胚头开始子叶组织的发育，圆状消失，胚体一半呈乳白色，如图 2-12F；阶段 VII，胚体超过 2/3 为乳白色，出现合子胚子叶，如图 2-12G；阶段 VIII，合子胚子叶进一步张开、伸长，高过顶端分生组织，如图 2-12H。

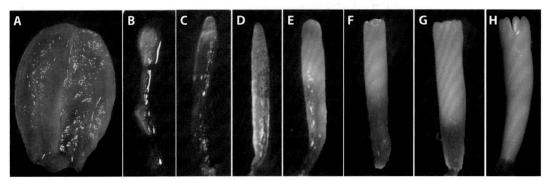

图 2-12　湿地松合子胚发育的 8 个阶段

针叶树中未成熟合子胚诱导成功率优于成熟合子胚，其中阶段 I 胚龄较小，阶段 II、阶段 III 为未成熟胚，阶段 IV 以后为成熟胚，胚龄过大。对松树进行 SE 时应选择多数合子胚处于阶段 II、阶段 III，大量采摘球果，进行体细胞胚胎诱导。

2.3　松树体细胞胚胎发生的诱导

2.3.1　诱导培养基配方

在选用适宜的外植体后，诱导培养基是 SE 能否成功起始的关键。通常的做法是在常见的基础培养基基础上，根据物种特性，对添加物进行改良。传统方法一般调整无机盐、生长素和细胞分裂素的浓度。自从发现火炬松的合子胚中含有内源微摩尔级 ABA，前人尝试在培养基中添加 ABA 并极大地提高了诱导率（Pullman *et al.*，2011），因此一些配方在诱导培养基中添加 ABA。油菜素内酯 Br 作用于细胞扩张、分裂和分化、繁殖、老化等生物学过程，前人研究表明，添加 Br 显著提高了火炬松的诱导率、胚性愈伤重量及可诱导的家系数量（Pullman *et al.*，2003b）。另外，海岸松中添加细胞分裂素 CPPU 可提高诱导率（Trontin *et al.*，2016）。

松树中最常用的诱导培养基配方为改良 LV（mLV）和 DCR。近年来，火炬松常用的 Pullman 等（2011）提出的 LP2212 配方，美国爱博金公司使用的为改良 WV5 诱导配方（Becwar *et al.*，2013），表 2-3 列出了这 4 个配方经大多使用者改良后的主要成分。

表 2-3　松树常用体细胞胚胎诱导培养基配方

药剂	工作液浓度 /（mg·L⁻¹）			
	mLV	mDCR	mLP2212	mWV5 int
无机大量元素				
NH_4NO_3	825	400	200	700
KNO_3	950	340	909	259
KH_2PO_4	170	170	136.1	270
$Ca（NO_3）_2 \cdot 4H_2O$	—	556	236.2	963

续表

药剂	工作液浓度 / (mg·L^{-1})			
	mLV	mDCR	mLP2212	mWV5 int
$CaCl_2 \cdot 2H_2O$	11	85	—	—
$MgSO_4 \cdot 7H_2O$	925	370	246.5	1 850
$Mg(NO_3)_2 \cdot 6H_2O$	—	—	256.5	—
$MgCl_2 \cdot 6H_2O$	—	—	101.7	—
KCl	—	—	—	1 327
无机微量元素				
KI	4.15	0.83	4.15	0.83
H_3BO_3	31	6.2	15.5	31
$MnSO_4 \cdot H_2O$	21	—	10.5	15.16
$ZnSO_4 \cdot 7H_2O$	43	8.6	14.688	8.6
$Na_2MoO_4 \cdot 2H_2O$	1.25	0.25	0.125	0.25
$CuSO_4 \cdot 5H_2O$	0.5	0.25	0.172 5	0.25
$CoCl_2 \cdot 6H_2O$	0.125	0.025	0.125	0.025
$LiC1_2$	—	27.85	—	—
$AgNO_3$	—	37.25	3.398	—
$FeSO_4 \cdot 7H_2O$	27.8	0.025	13.9	27.8
2Na–EDTA	37.3	3.398	18.65	37.2
糖				
Sucrose	20 000	—	20 000	—
Maltose	—	15 000	—	15 000
有机物				
Myo–inositol	100	1 000	500	500
Casein hydrolysate	1 000	—	500	500
Thiamine HCl	0.1	1	1	1
Pyridoxine HCl	0.1	5	0.5	0.5
Nicotinic acid	0.5	0.5	0.5	0.5
L–Glutamine	500	500	450	—
Glycine	—	2	2	—
植物生长调节剂				
6–BA	0.5	1.5	0.63	0.5
Brassinolide	0.048	—	0.048	0.048
NAA	—	—	2	2
2,4–D	0.5	—	—	—
ABA	—	—	5	5
Kinetin	—	—	0.61	—
Phytagel	4 000	1 800	2 000	2 000
pH	5.7	5.7	5.7	5.7

2.3.2　胚性愈伤组织的诱导

外植体的预处理会影响体细胞胚胎的发生，据报道，有些物种需在 4 ℃冰箱保存 30 d 才能获得较高的体细胞胚胎诱导率，而前人在辐射松与火炬松的研究也表明，低温储藏 1~5 周可提高诱导率（Pullman *et al.*，2011）。但编者在湿地松上的研究表明，在 4 ℃冰箱低温储藏 30 d 与新鲜采摘的球果诱导率无明显差异。

用 70% 乙醇对球果做表面消毒后，用刀或小型冲击钻将球果破开，取出种子。在超净工作台中，用加有 2 滴吐温 –20 的 10% 过氧化氢（v/v）消毒种子 8 min，用无菌水冲洗 3 次，备用。可选的一个方案是在超净工作台中取出种子，以减少种子受污染的机会。

消毒后的外植体每次取若干粒到灭菌的碟子上，剥离内外种皮后，得到类似米粒状的外植体（半透明或乳白色），并及时转移到诱导培养基上（图 2–13A），封口膜封口后置于（24±1）℃培养温度下暗培养。

大部分实验室在诱导阶段不对培养的外植体做任何操作，而 Pullman 等（2011）在培养 14 d 后，在培养皿中添加 0.25 mL 液体培养基，液体培养基与诱导培养基 LP2212 基本相同，只是不添加植物凝胶，并加入 9 mg/L 的 ABA（如果执行此步骤，则 LP2212 中先不必添加 ABA）。诱导培养 1~4 周（因物种和基因型而异）后，愈伤组织从胚的一侧被"推出"（图 2–13B、图 2–13C），继续培养 3~6 周，愈伤组织体积增大到"指甲盖"大小（图 2–13D），可进行下一步维持与增殖培养。

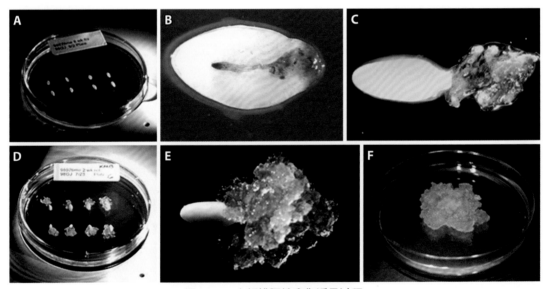

图 2–13　火炬松胚性愈伤诱导过程

2.3.3 胚性愈伤组织的鉴别

外植体诱导培养 2~4 周后膨大，可挑取愈伤组织进行胚性鉴定。具体操作是用解剖刀片剥下 2~5 mm 愈伤组织，放在玻片上，取出超净工作台封片，可直接在光学显微镜下拍照。也可以用醋酸洋红染色，即加若干滴 2% 醋酸洋红（w/v）染色液染色，同时用镊子将愈伤组织打散，稍微加热，盖上盖玻片，吸去多余的染液，去离子水清洗压片 2~3 次后拍照。另外，还可以先用 2% 醋酸洋红染色，去离子水清洗压片 2~3 次后，再用 0.5% Evan's Blue 染色 30 s，清洗 2~3 次后拍照。这种情况下胚性愈伤组织的胚柄细胞染成蓝色，胚团染成红色；非胚性愈伤组织只显示 Evans Blue 染的细胞（Gupta *et al.*，2005）。

胚性愈伤组织在显微镜下能观测到愈伤组织内有排列紧密的胚头和长条形细胞组成的胚性胚柄团（ESM）结构（图 2-14A），非胚性愈伤组织则无 ESM 结构（图 2-14B）。继续培养 2~4 周，具有 ESM 结构的愈伤组织发育成透明银耳状黏性愈伤组织，可继续增长；无 EMS 结构的愈伤组织发育成褐色，质感较硬，生长缓慢至停止生长。

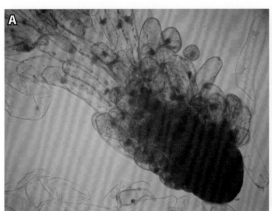

图 2-14　湿地松胚性愈伤组织的显微镜鉴别

2.4　松树体细胞胚胎维持与增殖

2.4.1 胚性愈伤的固态增殖

诱导培养后，用镊子取愈伤组织外围 3~5 mm 大小的愈伤组织，到移至增殖培养基上进行增殖培养。Klimaszewska 等（2001）以 mLV 为基础培养基诱导欧洲赤松胚性愈伤后，仍使用原配方进行增殖诱导；而美国爱博金公司则从 WV5 诱导培养基更换为 DCR 增殖培养基（Becwar *et al.*，2013）；Pullman 等（2011）在原 LP2212 基础上，将下列无机物及激素浓度分别做调整：NH_4NO_3 为 603.8mg·L^{-1}，ZnSO4·$7H_2O$ 为 14.4 mg·L^{-1}，$CuSO_4$·$5H_2O$ 为 0.125 mg·L^{-1}，$FeSO_4$·

$7H_2O$ 为 6.95 mg·L^{-1}，NAA 为 1.1 mg·L^{-1}，2,4–D 与 6–BA 为 0.45 mg·L^{-1}，ABA 为 1.3 mg·L^{-1}。增殖培养阶段一般仍采用暗培养，但也有在辐射松增殖阶段使用 5 μmol·m^{-2}·s^{-1} 低光照培养。增殖阶段每 2~2.5 周继代 1 次，增殖过程产生的愈伤组织包括 2 种：一种位于愈伤体的外侧，呈透明银耳状，可用于继代增殖；另一种位于愈伤体的内侧，呈褐色，胚性低，不适宜于继代（图 2–15）。继代操作中一定注意移除掉褐化、老化的胚性愈伤组织及非胚性愈伤组织。增殖培养物达到 200 mg 或 300 mg 时可进入下一步操作，继代次数过多，愈伤体内侧褐化严重，胚活性逐渐降低。

图 2–15　继代 16 次以上的湿加松增殖培养物

2.4.2　胚性愈伤的液态增殖

培养物也可以在液体增殖培养基中大量增殖，液体增殖的优点是生长速率更快、相对均匀，而且方便进行下一步的超低温冻存（见"3 体细胞胚胎的超低温冻存技术"）（图 2–16）。液体增殖培养基与固体增殖培养基配方一致，只是不加入植物凝胶。操作时，可以选用 250 mL 锥形瓶或蓝盖瓶为培养容器。操作参考 Pullman 等（2011）的做法：

①先往 250 mL 锥形瓶加入液体增殖培养基（如 9 mL），再加入诱导获得的胚性愈伤组织 1 g，以 120 r/min 的转速振荡 5~7 d。

②用涡旋振荡器将瓶内组织摇散，加入 10 mL 液体培养基，再以 120 r/min 的转速振荡 7 d。

③将培养物倒入带刻度的无菌离心管，静置 20 min，移去培养基，记录细胞体积。

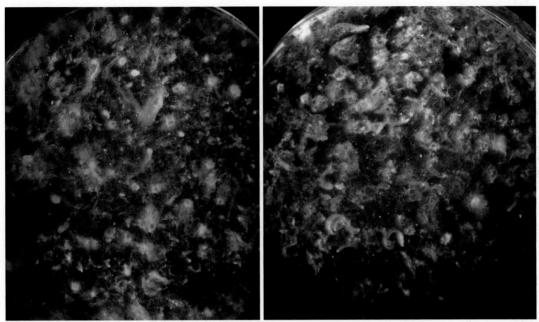

图 2-16　胚性培养物在液体培养前（左图）后（右图）的生长状态

④按细胞体积的 9 倍再次加入液体增殖培养基，以 90~100 r/min 的转速振荡培养，每周按照相同比例更换培养液。细胞增殖迅速，每次可增殖 2~6 倍。

前人在欧洲赤松与海岸松发现一种简单快捷的增殖方法（Lelu-Walter *et al.*，2006；Aronen *et al.*，2009）：将 300 mg 增殖培养物在液体培养基中悬浮培养，而后将细胞与培养基倒到无菌滤纸上，在布氏漏斗中抽滤掉液体，而后，将吸附细胞的滤纸放在固体增殖培养基上，每 2 周继代 1 次。

2.5　松树体细胞胚胎发育与植株再生

2.5.1　松树体细胞胚胎的成熟

松属内很多种的成熟诱导仍不够成功，成熟的胚数量少、质量低，有些种仅有某些基因型能获得成熟胚，严重影响了 SE 技术的实际应用。为了提高成熟诱导的效率，前人做了大量的改进，包括基础培养基的改变，ABA 浓度的提高，蔗糖、麦芽糖、海藻糖等糖的选择和配比，增加聚乙二醇（polyethylene glycol，PEG）等水势调节物，增加渗透调节物质，增加凝胶剂浓度，组织部分干化，增加活性炭以控制激素（Pullman *et al.*，2011）等。分析合子胚发育相似时期的养分及其内源物质浓度，并相应地调整成熟培养基中相应成分的浓度，是探索成熟培养基配方的有效方法，利用这个方法调整火炬松培养基中金属元素的浓度后（火炬松成熟培养基配方 LP1562，表 2-4），获得的子叶胚增加了 10 倍（Pullman *et al.*，2003b）。很多改进的操作

表 2-4　火炬松成熟与萌发培养基配方

药　剂	工作液浓度 /（mg·L⁻¹）	
	LP1562（成熟）	LP397（萌发）
无机大量元素		
NH_4NO_3	200	206.3
KNO_3	454.9	1 170
KH_2PO_4	136.1	85
$Ca（NO_3）_2 \cdot 4H_2O$	59.1	0
$CaCl_2 \cdot 2H_2O$	—	220
$MgSO_4 \cdot 7H_2O$	246.5	185.5
$Mg（NO_3）_2 \cdot 6H_2O$	256.5	—
$MgCl_2 \cdot 6H_2O$	101.7	—
无机微量元素		
KI	4.15	0.415
H_3BO_3	7.75	3.1
$MnSO_4 \cdot H_2O$	10.5	8.45
$ZnSO_4 \cdot 7H_2O$	14.4	4.3
$Na_2MoO_4 \cdot 2H_2O$	0.125	0.125
$CuSO_4 \cdot 5H_2O$	0.125	0.25
$CoCl_2 \cdot 6H_2O$	0.125	0.012 5
$FeSO_4 \cdot 7H_2O$	41.7	13.93
2Na-EDTA	55.95	18.65
糖 +PEG		
Sucrose	—	20 000
Maltose	20 000	—
PEG 8000	130 000	—
有机物		
Myo-inositol	100	100
Casein hydrolysate	500	—
Thiamine HCl	1	1

药　剂	工作液浓度 / （mg·L^{-1}）	
	LP1562（成熟）	LP397（萌发）
Pyridoxine HCl	0.5	0.5
Nicotinic acid	0.5	0.5
L-Glutamine	450	—
Glycine	2	2
活性炭	—	2 500
植物生长调节剂		
ABA	5.2	—
Phytagel	2 500	—
组培琼脂粉	—	8 000
pH	5.7	5.7

都是为了控制渗透条件，上述增加蔗糖、麦芽糖等，以及增加 PEG 是为了降低水势；增加凝胶剂浓度是为了降低培养基的有效水含量；据报道，温和的干化处理可促进思茅松和展叶松成熟。表 2-5 列出了不同松树体细胞胚胎成熟最适宜的 ABA、糖和凝胶浓度（Lelu-Walter et al.，2016），例如，海岸松体细胞胚胎最理想的成熟条件是在 mLV 培养基上添加 0.2 mol·L^{-1} 蔗糖、80 µmol·L^{-1}ABA 和 9~10 g 凝胶剂（Humánez et al.，2012）；同属内不同物种体细胞胚胎成熟所需的 ABA 浓度存在很大差异，火炬松体细胞胚胎成熟所需的 ABA 浓度为 20~90 µmol·L^{-1}，而赤松培养基中添加的 ABA 高达 250 µmol·L^{-1}。同时，不同细胞系成熟的潜力存在较大差异，如果要兼顾基因型多样性，则子叶胚的得率减小，在实际应用中工作量增加；Trontin 等（2016）将在 mLV 上被捕获的基因型定义为每克鲜重至少生成 50 个子叶胚的细胞系。

表 2-5　不同松树体细胞胚胎成熟培养基中 ABA、糖和凝胶剂的浓度

树种	参试细胞系数量	子叶期细胞系数量	ABA/ （µmol·L^{-1}）	糖（浓度）/ M+PEG/%	凝胶/ （g·L^{-1}）	每克鲜重获得的子叶胚数量	参考文献
赤松 P. densiflora	15	11	250	蔗糖（0.2）	12	798	Kim et al.，2014
地中海松 P. halepensis	13	13	75	麦芽糖（0.16）	9	10~270	Montalbán et al.，2013
琉球松 P. luchuensis	1	1	100	麦芽糖（0.08） +PEG（15）	6	282	Hosoi et al.，2012

续表

树种	参试细胞系数量	子叶期细胞系数量	ABA/ (μmol·L⁻¹)	糖（浓度）/ M+PEG/%	凝胶 / （g·L⁻¹）	每克鲜重获得的子叶胚数量	参考文献
欧洲黑松 P. nigra	6	5	95	麦芽糖（0.16）	10	235	Salaj et al.，2014
卵果松 P. oocarpa	2	2	40	麦芽糖（0.16）+PEG（12）	6	21	Lara–Chavez et al.，2011
海岸松 P. pinaster	26	15	80	蔗糖（0.2）	10	0~274	Humánez et al.，2012
	39	32	80	蔗糖（0.2）	9	0~192	Trontin et al.，2011
	346	323	80	蔗糖（0.2）	9	0~652	Trontin et al.，2016
意大利伞松 P. pinea	7	4	121	蔗糖（0.17）	10	低	Carneros et al.，2009
辐射松 P. radiata	24	24	60	蔗糖（0.16）	9	10~1 550	Montalbán et al.，2010
	4	3	212	蔗糖（0.16）	3	2~42	Find et al.，2014
欧洲赤松 P. sylvestris	22	20	80	麦芽糖（0.18）	9	127	Aronen et al.，2009
	81	57	80	蔗糖（0.2）	10	977	Latutrie et al.，2013
北美乔松 × 乔松 F₂ P. strobus × P. wallichiana	261	138	80	麦芽糖（0.18）	10	350	Daoust et al.，2009
火炬松 P. taeda	5	5	20	麦芽糖（0.06）+PEG（13）	2.5	150	Pullman et al.，2009

在实验室研究阶段，通常将增殖后诱导生成子叶胚的过程统称为成熟阶段，如果增殖阶段未经液体培养，则在成熟诱导过程中，首先要对增殖培养物做液体悬浮培养，操作步骤与液体增殖过程相似。继而，用吸头剪口的移液器吸取 3~5 mL 悬浮液到装有定性滤纸的布氏漏斗上，使用真空泵短、低脉冲（5 s，4.6 kPa）真空抽滤，得到吸附有薄薄一层胚团的滤纸，将滤纸放在配制好的固体熟化培养基，进行熟化培养，每个月将吸附有培养物的滤纸继代到新的培养基上（Pullman et al.，2011b）或者不做继代（Lelu–Walter et al.，2006），暗培养或 5 μmol·m⁻²·s⁻¹ 光照 3~6 个月后，产生具有萌发潜力的子叶胚（图 2-17）。

图 2-17 湿地松体细胞胚胎成熟诱导

美国爱博金公司的做法是：转 2 g 增殖培养物铺开到成熟培养基上（图 2-18），直到胚发育到子叶期（图 2-19），再转移到滤纸上做萌发前的预处理。

图 2-18 火炬松体细胞胚胎成熟诱导

图 2-19　火炬松子叶期的成熟胚

2.5.2　松树体细胞胚胎萌发与植株再生

体细胞胚胎在适宜的环境条件下进入萌发阶段。大多数物种选用前面步骤一样的基础培养基配方，在不添加植物生长调节剂基础上适当调整，如减少无机盐、糖和养分（Pullman *et al.*，2011，表 2-4），或保持不变（Montalbán *et al.*，2016）。萌发培养基一般需补充 10~30 g/L 蔗糖，但欧洲黑松需添加麦芽糖（Montalbán *et al.*，2013）。活性炭有利于移除多余的植物生长调节剂。辐射松等树种的萌发试验结果表明，活性炭是从体细胞胚胎转为植株的关键因素（Montalbán *et al.*，2010），Montalbán 等（2016）建议初次进行体细胞胚胎植株再生的物种，在萌发培养基配方中设置添加或减少活性炭的处理。

在萌发前或萌发期可采取一些理化与生物学措施促进萌发与器官生长，其中包括萌发前的干化、干燥预处理（Hay *et al.*，1999），层积处理（Gupta *et al.*，2005）；在萌发前与萌发期用 LED 红光处理（Merkle *et al.*，2006），与菌根菌（如 *Pisolithus tinctorius*）共生（Niemi *et al.*，2002），添加氧化还原剂（如 0.1 mmol · L^{-1} 抗坏血酸）（Stasolla *et al.*，1999）。在展叶松（Jones *et al.*，2001）、卵果松等采用了部分干燥处理。部分干燥处理可分为快速和慢速两种方法，快速的方法在 25 ℃通风下吹 0~4 h，慢速的方法在相对湿度较高条件下，25 ℃黑暗处理 0~3 周（Maruyama *et al.*，2012）。如体细胞胚胎形态发育正常，辐射松等树种无须做任何萌发预处理（Montalbán *et al.*，2010）。

在实验室研发阶段，对湿地松萌发阶段的处理措施如下：将成熟培养 3 个月后获得子叶开始张开、形态正常的子叶胚转移至萌发培养基中，先在微弱光强下（1.6 μmol · m^{-2} · s^{-1}）培养 2

周，而后转到更高光强下（47 μmol·m⁻²·s⁻¹）继续培养，培养温度均为（25±1）℃，每天光照周期均为 16 h 光照 /8 h 黑暗。强光下培养 7 周后萌发出子叶与根（往下长）的胚，将其插入新鲜萌发培养基中继续培养，培养条件与高光强培养条件相同。4 周后出现上胚轴与根系发育的植株，即为萌发，萌发率的计算为：接种至萌发培养基的子叶胚数量 / 萌发出上胚轴与根的植株数量。将所述植株转移到泥炭：蛭石（质量比 3 : 1）的混合基质中炼苗，在人工气候室炼苗，光强为 170 μmol·m⁻²·s⁻¹，温度为（25±1）℃，湿度为 80%，每天光照时间为 16 h，逐渐降低湿度直到与环境湿度一致后，转移到温室种植。

美国爱博金公司对松树成熟到萌发的处理如图 2-20 至图 2-24 所示，先进行干燥预处理（图 2-20），再转移到萌发培养基中光照、复水培养（图 2-21、图 2-22）。地上部与根系发育正常的植株可转移到培养基质中，在育苗温室像种子苗一样育苗培养（图 2-23、图 2-24、图 2-25）。

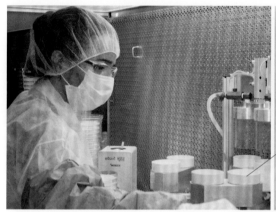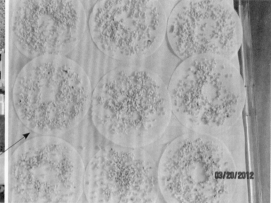

图 2-20　火炬松成熟胚的萌发预处理

图 2-21　火炬松的体细胞胚胎萌发处理后子叶转绿色

图 2-22　火炬松体细胞胚胎萌发阶段进行光照培养

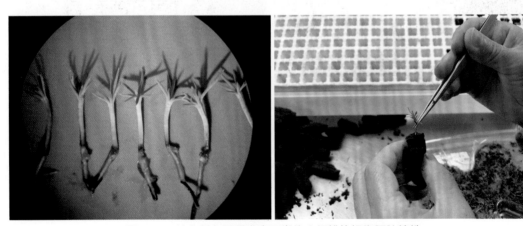

图 2-23　地上部与根系发育正常的火炬松体细胞胚胎植株

图 2-24　火炬松体细胞胚胎植株在温室正常生长

图 2-25　火炬松体细胞胚胎植株转移到正常育苗容器中生长

2.5.3　松树体细胞胚胎遗传稳定性分析

SE 过程、超低温冻存后，以及成苗后，一般需要对材料做遗传稳定性分析，主要包括 DNA 含量与倍性分析、分子标记检测两种方式。

做增殖细胞与体细胞胚胎苗 DNA 含量与倍性分析时，可选用同一家系种子苗及外植体采样的植株为对照。

①取 50 mg 细胞或针叶为材料,同时混合标准材料为内参(如选用基因组大小 2C=26.90 pg DNA 的蚕豆),加入 1 mL WPB 缓冲液 [woody plant buffer,0.2 mol·L^{-1} Tris–HCl,4 mmol·L^{-1} MgCl$_2$,2 mmol·L^{-1} EDTA–Na$_2$,86 mmol·L^{-1} NaCl,10 mmol·L^{-1} Na$_2$S$_2$O$_5$,1% PVP–10,1%(v/v) Triton X–100,pH 7.5],用解剖刀片捣碎 30 s。

②缓冲液中悬浮的核在 50 μm 尼龙膜中过滤,用 50 μg·mL^{-1} 碘化丙啶染液(propidium iodide,PI)染色;同时,在悬浮液中加入 50 μg·mL^{-1} RNA 酶(*RNase*),以防止 RNA 被 PI 染色。

③用流式细胞仪做核型分析,每个样品至少分析 5 000 个核。倍性分析根据 G0/G1 期的位置以及是否有新的 G0/G1 期确定。每个样品 DNA 含量根据 G0/G1 峰与内参平均荧光强度的比例计算,核 DNA 含量根据 DNA 指数与内参基因组大小的乘积,再根据 1 pg=978 Mbp 进行换算。同时,记录荧光的离散程度,即 G0/G1 峰的变异系数。

随机扩增多态 DNA(random amplified polymorphic DNA,RAPD)指纹图谱、简单微卫星标记(simple sequence repeats,SSRs)是检测胚性细胞、体细胞胚胎和体细胞胚胎苗木遗传稳定性的较为常用的两种分子标记方法,前人认为,SSRs 在检测胚性突变方面较为灵敏(Lelu–Walter *et al*.,2016)。

体细胞胚胎的超低温冻存技术

3

随着体细胞培养机制研究的不断深入和相关知识的积累，体细胞胚胎（SEs）已经可以在生物反应器中大量生产，并用于大规模农林作物的离体快速繁殖、遗传转化及人工种子的生产等。然而，在松树 SE 和植株再生体系中，胚性细胞能否较长时间保持旺盛的成胚潜能和植株再生能力是制约林木体细胞胚胎产业化的瓶颈问题。通常认为胚性细胞在长期继代培养期间会降低或丧失其胚胎发育潜能并增加遗传变异的概率（Park，2002）。所以需要研发减少继代次数的中长期保存方法，以便在需要时使用，这项技术的研发对树木遗传育种尤其重要，因为其优良品系的选择至少需要 3 年，甚至 10 年以上的时间。科学界对胚性材料的保存有过很多报道，如干燥方法、非冷冻低温储藏、凝胶包衣、−80℃冷冻保存、液氮冷冻保存（LN）等。其中，超低温液氮保存最为农、林、医等生物学领域所关注，目前已成功保存 200 种以上植物体细胞材料，而且能在解冻后迅速恢复胚性潜能，获得再生植株。

3.1 体细胞胚胎超低温保存的原理与研究进展

3.1.1 体细胞胚胎超低温保存的概念

低温生物学（cryobiology）是生物学的一个分支，研究低温对地球生物的影响。低温生物学源于希腊语 κρῦος[kryos] "冷"、βϐος[bios] "生命" 和 λóγος[logos] "科学"。实际上，低温生物学是在低于正常温度下对生物材料或系统进行研究的科学。研究的材料或系统可能包括蛋白质、细胞、组织、器官或整个生物体，温度条件可以从中等低温到超低温。

超低温保存（cryopreservation），指将生物个体、组织或细胞、细胞器等有机物质置于 −196~ −80℃超低温条件下保存的一种技术方法。从理论上讲，在此温度下，所有生物活动，包括细胞代谢（驱动细胞活动的所有化学反应）都会停止（https://en.wikipedia.org/wiki/cryopreservation）。现在，生物材料的超低温保存方法是一个综合性的技术，包括抑制生物老化、冻结细胞年龄，同时维持保存后细胞功能恢复的过程。

由于在降温冷冻过程中会形成冰晶或改变细胞结构和功能而引起细胞损害和死亡。一般来说，对于超薄样品（如单个细胞和小团块细胞组织）超低温保存比较容易，其成功的生物材料包括微生物（细菌、真菌等），动植物的胚性细胞、受精卵、精子、悬浮细胞，植物种子、花粉、茎尖、合子胚、胚性愈伤组织和体细胞胚等。源于这些材料可以迅速冷却、细胞脱水过程短、需要较少剂量的有毒冷冻保护剂，因此冻存细胞活力高。

植物超低温保存是 20 世纪 70 年代建立起来的一种离体保存种质资源的方法，有资料显示已经成功保存了 200 多种植物 50 000 多份种质材料。20 世纪 80 年代，针叶树种（conifer）体细胞胚发生技术的研究对无性系林业（clonal forestry）的发展有着极其重要的推动作用。随后，胚性细胞的超低温保存技术也被成功地用于很多针叶树种，如松属、云杉属和冷杉属等。SE 和超低温保存技术的有机结合对树木遗传育种也至关重要。这项技术的优势是，当具有优良性状的品系和家系进行林地测试时（需 3~10 年），其相应的胚性细胞系可以被保存在液氮罐中。若干年以后，一旦确定了高产或高品质的品系，就可以将其从液氮储藏中取出，解冻并恢复生长，建立商业化细胞库，进入大规模的工厂化体细胞胚胎苗生产。胚性细胞培养和超低温保存技术的结合大大减少了针叶树种的育种年限。以火炬松为例，选育一个优良家系的常规育种年限是 20 年，但是通过体细胞胚胎技术和超低温保存进行优良品系的选育可以缩短至 7~14 年（图 3-1）。如果和分子标记辅助育种（marker assistant breeding，MAB）相结合，其育种年限将进一步缩短至 7 年。总部设在美国南卡州的爱博金公司（ArborGen Inc.）是一家利用生物技术生产林木种苗的跨国公司，经过 20 多年的研发，建立了先进的超低温冷藏技术，现拥有世界上最大的商业化针叶树种超低温胚性细胞库（embryogenic cell cryo bank）。迄今为止，该公司已经成功地将数十种针叶树种的胚性品系保存在液氮冷藏库中（图 3-2）。这些树种包括松科冷杉属亚高山冷杉（*Abies lasiocarpa*），云杉属的挪威云杉（*Picea abies*）、白云杉（*Picea glauca*）、黑云杉（*Picea mariana*）、蓝云杉（*Picea pungens*）、美国西加云杉（*Picea sitchensis*），黄杉属花旗松（*Pseudotsuga menziesii*），落叶松属落叶松（*Larix gmelinii*），松属火炬松（*Pinus taeda*）、辐射松（*Pinus radiata*）、湿地松（*Pinus elliottii*）、捷克松（*Pinus banksiana*）、北美东部白松（*Pinus strobus*）、展叶松（*Pinus patula*）、加勒比松（*Pinus caribaea*）、长叶松（*Pinus palustris*）及杉科北美红杉属红杉（*Picea rubens*）等。

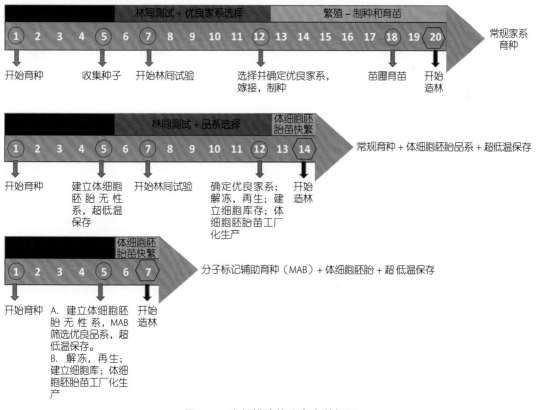

图 3-1 火炬松遗传改良育种年限

图 3-2　美国爱博金公司超低温保存细胞库实验室

超低温保存胚性细胞库就相当于一个微型种质资源库，可以收集保存大量的针叶树种种质资源和优良品系。各个细胞库是一个独立的基因型或品系，其细胞悬浮液被分装在数十乃至数千个冷冻管（cryo vials）中。被冷藏的细胞具有再生能力，当解冻复温后这些细胞会立刻恢复它们的增殖功能和再生功能。根据市场和科研的需要，体细胞胚胎苗可以实现常年生产供应，其生产规模可以是年产数百至上亿株。同时冷冻细胞能够长期存储，期间细胞的所有代谢活性处于暂停状态，以此保护它们免受化学反应和时间的损害。液氮下保存的细胞基本上不具有分裂能力，其年龄停止于冻存的那一刻，进而减少由于连续继代造成的遗传变异、胚性丧失和材料污染等问题。

那么细胞能够低温保存多久？这对基础研究和应用研究来说都是一个重要的科学问题。长期低温保存对细胞活力的影响是一项很有挑战性的研究。科学家还没有办法准确地回答这个问题，因为这个问题需要由时间来验证。但是根据细胞的种类和冻存方法，人们推测其细胞可被维持数十年乃至百年、千年。一些在 20 世纪 90 年代早期冻存的针叶树胚性细胞系现在仍然具有细胞活性和再生能力。在液氮温度（-196 ℃）下保存的细胞，由于其所有代谢活性处于暂停状态，理论上来说可以永久存活下去。然而，基于在低温储存期间可能诱发 DNA 损伤并随着时间积累，估计最大保存期为 1 000 年。

3.1.2　超低温保存的基本原理

超低温保存技术中一个极其重要的研究内容是探讨与细胞组织低温损伤相关的物理学和生物学规律，尤其是那些与细胞内外自由水结冰相关的损伤和在降温及低温保存过程中细胞对环境变化的反应，从而为长期低温保存细胞提供最佳解决方案。

3.1.2.1　冷冻保存过程中细胞的命运

低温保存是使用非常低的温度来保存结构完整的活细胞和组织。无保护的冷冻通常是致命的，所以必须采取一系列的保护措施，以确保冷冻过程中细胞能够存活并在复温时保持良好状态。冷却的生物学效应主要是水的冻结，图 3-3 描述了细胞在冷却到超低温的过程中可能出现的三种命运，每一种命运都由冰核形成过程的性质来决定。A. 如果冰核只是在细胞外形成，则细胞收缩并趋于存活（图 3-3A）；B. 如果冰核在细胞内、外都有形成，细胞内的冰晶就会破坏其内部结构、刺穿细胞，进而导致细胞死亡（图 3-3B）；C. 细胞内或细胞外都没有结冰，而是细胞及其周围介质进入玻璃化状态（vitrification，如图 3-3C 所示），即玻化。玻璃化细胞通常在复温后趋于存活。

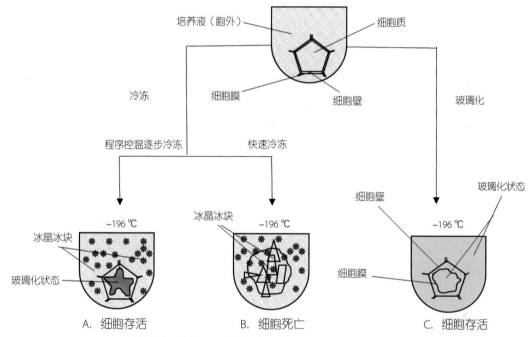

图 3-3　植物细胞降温冷冻过程中冰晶的形成位置决定细胞的存活力

冷冻过程和随后解冻（即复温）过程中几乎所有对细胞造成的损害都与其含水量有关。胞内冰晶对活细胞有严重损害，一个可能的缓解办法是在降温期间干扰细胞的生化或生物物理途径所造成的损害。因此，冷冻保存方案的主要目标必须是将细胞内水的物理状态改变为玻璃化状态。细胞内的液体由液态向类似于固态的玻璃状转变称为玻璃化或玻化。在冷冻和复温期间必须采取各种预防措施以防止细胞内冰晶的出现。

3.1.2.2　两种主要的超低温保存方法

超低温保存技术根据冷冻 - 脱水方法的不同分为程序降温冻存法（controlled rate slow cooling）、脱水干燥法（dehydration-desiccation）、包埋 - 脱水法（encapsulation-dehydration）、玻璃化法（vitrification）、包埋 - 玻璃化法（encapsulation-vitrification）、微滴 - 玻璃化法（droplet-vitrification）六种方法，其中应用最为普遍的是程序降温冻存法和玻璃化法超低温保存。

根据其降温速度，细胞冷却的方法主要有两种：即程序降温冻存法（controlled rate slow cooling）和瞬间冷却冻存法（flash cooling process or vitrification），即玻璃化法。

（1）程序降温冻存法

程序降温冻存法是将细胞培养物逐步冷却至 –30~–60 ℃，然后将其迅速置于液氮中保存。程序逐步降温的理化效应是由于结冰引起细胞脱水（freeze–induced dehydration），逐渐浓缩细胞成分并降低其冰点。因此，在初始冷冻速率较低的情况下，防止冰晶造成的机械损伤。如果起始冷却速度太快而不能达到蒸汽压平衡，则细胞内开始结冰，由此产生的冰晶会刺破细胞膜，特别是质膜和液泡膜。由于这些膜的成分是水 – 脂 – 蛋白复合物，所以大部分损伤可能是由结合水冻结引起的。如果降温速率适中，则细胞成分逐渐浓缩。当置于液氮中时，细胞中剩余的水即刻玻璃化，从而避免进一步的损伤。

图 3–4 展示了植物细胞在程序降温过程中其理化性质的变化。首先将材料在加有冷冻保护剂的溶液中进行预培养（pre–culture），然后开始程序降温。其间，介质中的水分比细胞中的水分先结冰而形成冰晶。由于细胞质被膜包围，细胞内原生质体的冰点下降（约在 –10 ℃），此时细胞成分处在过冷却状态（super cooled）（图 3–4A）。过冷的水比细胞外介质中冰晶的蒸汽压高，因而细胞内水分向细胞外的介质中转移（图 3–4B）。随着温度的递减，介质中的冰晶不断增加，介质变得更浓，细胞内水分不断向细胞外的介质中转移，以致细胞和介质之间的蒸汽压差趋于平衡（图 3–4C）。细胞的失水率取决于冷却速度。通常情况下，植物胚性细胞培养物的降温速度是（–1~–0.3）℃ /min。当细胞降至 –60~–30 ℃时，将其立刻置于液氮中，此刻细胞内的水由于快速降温被玻璃化而不会结冰（图 3–4D）。

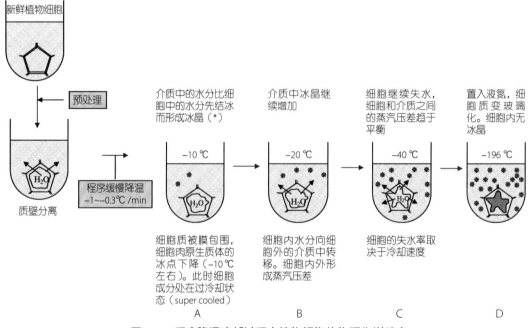

图 3–4　程序降温冷却过程中植物细胞的物理化学动态

（2）玻璃化法

玻璃化法超低温保存是 Luyet 于 1937 年首次提出的，之后经过长期的理论和实践探索，于 20 世纪 80 年代才发展起来。自 1968 年 Ralph 利用玻璃化法超低温保存亚麻（*Linum usitatissimum*）悬浮细胞以来，1989 年 Langis 和 Uragami 等相继证实了玻璃化冻存油菜（*Brassica campestris*）和芦笋（*Asparagus officinalis*）同样是可行的。与传统的超低温保存方法相比，玻璃化法以其要求设备简单、材料处理步骤简便、省时省力、效果和重复性好等优点备受人们推崇，成为较为理想的植物种质资源保存方法，并且在复杂的组织和器官的超低温保存方面有较好的应用潜力，是目前研究者多采用的超低温保存方法。玻璃化法超低温保存技术的关键是细胞的预处理。玻璃化通常需要在冷却前添加冷冻保护剂，其作用类似于防冻剂：既降低了冰点温度，同时也增加黏度，这是允许玻璃化发生的两个必要条件。保护剂（渗透性和非渗透性）的使用增加黏度并降低细胞内的冰冻温度，另外瞬间冷却促进水的玻璃化。玻璃化法超低温保存的益处是无冰晶的形成，而细胞和生物材料需要无冰晶以保持细胞活力和功能。

在植物细胞预处理培养过程中，细胞通过渗透脱水和冷冻保护来处理，然后将细胞材料直接投入液氮以实现玻璃化法超低温保存。投入液氮的冷却速度为 $300 \sim 1\,000$ ℃/min，以此速率，细胞内的水被玻璃化而不会结冰。

3.1.2.3　细胞冷冻损伤现象

冷冻保存过程中可能造成细胞损伤的现象主要发生在冷冻阶段，包括溶液效应（solution effects）损伤、细胞内结冰（intracellular ice formation）和细胞外结冰（extracellular ice formation）损伤，这些损伤很大程度上可以通过正确使用冷冻保护剂来减缓。一旦保存的细胞材料已经冻结，进一步的损伤相对而言是很少的。

（1）溶液效应（solution effects）

低温冻存细胞时，当温度降至冰点以下时细胞外的水分就会形成冰晶。冰晶的形成使细胞脱水，导致细胞内局部电解质浓度增高。高浓度溶质可能会损害细胞，导致 pH 改变，使蛋白质和酶活性改变，从而引起细胞内结构的破坏，最终使细胞死亡。

（2）细胞内结冰（intracellular ice formation）

如果预处理不当造成胞内水分太多或冷却速度过快，胞内水分来不及通过细胞膜向外渗出，胞内溶液结冰从而造成物理损伤，细胞破裂。虽然一些生物体和组织可以耐受一些胞外冰，但任何明显的细胞内冰晶对细胞几乎都是致命的。

（3）细胞外结冰（extracellular ice formation）

组织缓慢冷却时，水从细胞内渗出来形成冰晶。太多的细胞外冰晶可能会导致细胞膜粉碎而受到机械损伤。

以上几种损伤机制都很重要，它们的发生取决于细胞类型、降温速率和升温速率。一个共识是细胞内冻结是危险的，而细胞外结冰是可以的。如果细胞膜的透水性是已知的，则有可能预测冷却速度对细胞存活的影响，最佳速率将是细胞内冻结的危险系数和浓缩溶液效应之间的平衡。然而，细胞外的冰并不总是无害的，高密度的细胞液容易受到细胞外冰晶的机械挤压而被破坏。通过玻璃化可以避免结冰，但是玻璃化冷冻液的毒性是一个有待解决的主要问题。

3.1.2.4 冷冻保护剂的使用

植物冷冻保存已成为植物耐寒性研究和种质资源保存的重要方面，但进展速度比动物学科慢。有关植物冷冻保存理论和方法主要借鉴于动物系统研究成果。从逻辑上讲，解释植物细胞冷冻保存的理论与已知的冷冻损伤和抗冻性机制密切相关。然而，与动物不同的是细胞壁是植物细胞的一个重要特征。这样，植物超低温保存的抗性机制和冷冻保护剂的使用需要将细胞壁的生物学功能和特性考虑在内。

冷冻保存技术中的关键组成部分是应用一些冷冻保护剂来抵消冷冻损伤效应，包括尽可能地减少细胞内水分及冰晶的形成等。冷冻保护剂可以单独或组合用于植物材料的冷冻保存。目前，常用的植物细胞冷冻保护剂分为两类，即渗透和非渗透，主要取决于对细胞质膜的渗透性。针对植物细胞具有细胞壁的特性，Tao 等 1986 年建议将植物低温保存防冻剂即植物玻璃化溶液（plant vitrification solution，PVS）分为以下 3 类：

①能够穿透细胞壁和质膜。如甘油（glycerol）、二甲亚砜（dimethylsulfoxide，DMSO）、乙二醇（ethylene glycol）。

②能够穿透细胞壁但不能透过质膜。a. 低聚糖（oligosaccharides），如蔗糖（sucrose）、山梨醇（sorbitol）和甘露醇（mannitol）；b. 氨基酸，如脯氨酸；c. 低分子量聚合物，如聚乙二醇 1000（polyethylene glycol，PEG1000）。

③既不能渗透质膜也不能穿过细胞壁，具有高分子量的聚合物（polymers），如可溶性蛋白质、多糖（polysaccharides）、黏质物（mucilage）、PEG6000 和聚乙烯吡咯烷酮（polyvinyl pyrrolidone，PVP）。

这 3 类冷冻保护剂在不同的细胞位点起作用，并具有不同的冷冻保护作用。

类别①的冷冻保护剂首先是穿过细胞壁诱导暂时质壁分离，如 DMSO（Hellergren *et al.*，1981）。当其渗透到原生质中时，细胞的质壁分离被解除。渗透性保护剂的分子质量一般较小，易与水分子结合，易穿透细胞膜进入细胞内部，从而降低细胞的冰点。这类保护剂可以松散细胞壁和原生质之间的黏附，提高细胞膜对水的通透性。冻存时，保护剂可促进细胞内水分渗出细胞外，从而减少胞内冰晶的形成。复苏时，促进胞外水分进入细胞，缓解渗透性肿胀引起的损伤。

含有类别②保护剂的高渗培养液在冷冻之前诱导细胞的质壁分离。当培养基和细胞冻结时，这些溶质会集中在细胞壁和质膜之间。它们不仅保护原生质体免受过量的冷冻剂诱导脱水，而且还可以在细胞壁和细胞膜之间形成缓冲层以保护质膜的外表面。因此，这类化合物可以减轻冰晶的生长对原生质体的机械压力。

类别③的聚合物既不能穿透细胞膜也不能穿透细胞壁。它们聚集在细胞壁外表面和冰晶之间。高分子聚合物通常与类别①②中的防冻剂组合使用。有些大分子物质，如聚乙烯吡咯烷酮、聚乙二醇 6000（PEG6000）、葡聚糖（dextran）、白蛋白（albumin）及羟乙基淀粉（hydroxyethyl starch，HES）等不能进入细胞内部，但能溶于水，可稀释细胞外电解质的浓度，从而减少溶质损伤。另外，这些大分子物质可结合水分子，降低细胞外自由水的含量，进而减少胞外冰晶的形成。

许多抗冻剂如 PEG6000 和 DMSO 在单独使用时对植物细胞有毒性，即低温保护的有效性可能在某种程度上被它们的毒性抵消。因此，建议将不同的冷冻保护剂结合使用以保护细胞免受不同的冷冻损伤，从而提高植物细胞的存活率。Ulrich 等 1979 年使用 DMSO（1 类）、葡萄糖（2 类）和 PEG6000（3 类）成功地将甘蔗细胞保存在液氮中。

冷冻保护剂通常加到细胞预培养的培养基中，以及装载液（loading solution）和最后的冻存液中。预处理的目的是诱导细胞材料的抗胁迫（即脱水、低温等）能力。

3.1.2.5 细胞解冻（复温）和恢复生长（复苏）

一个有效的低温保存方案通常是根据复温后细胞的成活率和其细胞功能的恢复而建立。细胞解冻是按一定复温速度将细胞悬浮液由冻存状态恢复到常温的过程。当细胞恢复到常温状态下，细胞即开始恢复生长。

在细胞解冻过程中，如果复温速度不当也可能引起细胞内结冰（重结冰）而造成细胞损伤。细胞解冻一般采用快速升温，以保证细胞外冰晶快速融化，避免慢速融化时水分渗入细胞内再次形成胞内结晶造成细胞损伤。如果是玻璃化方式保存，快速升温允许细胞内外同时复温。一般来说，无论用的是哪一种冻存方法，植物细胞解冻的适宜温度是 37~40℃。在这个温度下，细胞可以在 1~2 min 内恢复到常温，避免了冰晶生长和胞内重结冰的危险，从而最大限度地减少冰晶和溶质效应对细胞的损伤，使复苏后的细胞能够很快恢复生长。此外，玻璃化方式保存的细胞需要在复温后洗脱残存在细胞内的玻璃化冷冻剂。

恢复生长的培养基组分也是一个需要考虑的重要因素。玻璃化保存细胞溶质的浓度很高，恢复培养初期需要将其放在含高渗山梨醇或蔗糖的液体或半固体培养基中，然后逐渐降低糖的浓度直至达到等渗水平，从而完成冷冻保存细胞材料的复水或再水化（rehydration）过程。

3.1.3 超低温保存机制的研究

3.1.3.1 组培条件下细胞生长状态对冷冻保存的影响

超低温保存过程涉及脱水、冷冻、复温等逆境胁迫。冻存细胞类型、细胞年龄和其自身的生长势都会影响抗胁迫的能力，从而影响其成活率。一般来说，只有体积小、细胞质浓密、无液泡或液泡小、薄壁的小型细胞保存后才能存活；否则，细胞极易受到伤害而影响成活率。对数生长期（logarithmic phase）的植物细胞比滞后或静止阶段（lag phase or stationary phase）的细胞更耐冷冻。对数生长期的细胞大多处于分裂期，具有细胞质浓密，无液泡、薄壁的特征，这可能与指数生长期细胞自身抵抗胁迫能力强有关。当将继代培养基上生长 7 d 和 14 d 的红豆杉（*Taxus chinensis*）细胞进行冻存时，其复温后 24 h 的细胞成活率有着明显的差异（作者实验室数据，未发表）。图 3-5 所示的是 Evans Blue 法染色的结果：蓝色细胞代表死亡细胞，无色的是活细胞。其结果是 7 d 的细胞成活率（75%，图 3-5A）显著比 14 d（50%，图 3-5B）的要高。

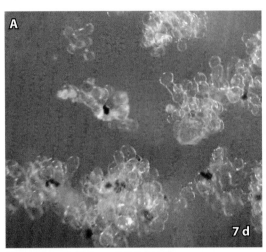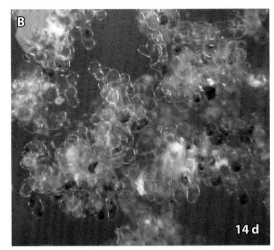

蓝色代表死亡细胞，无色是活细胞

A. 继代培养 7 d、程序降温法冻存、解冻复苏培养 24 h、Evans Blue 染色；B. 继代培养 14 d、程序降温法冻存、解冻复苏培养 24 h、Evans Blue 染色

图 3-5　红豆杉细胞继代培养天数对超低温冷冻保存后细胞成活率的影响

通过显微镜观察醋酸洋红染色（acetocarmine）的白云杉胚性细胞分裂情况时发现：预处理前的细胞体积相对较大，大多处在旺盛的细胞分裂期（cell division）（图 3-6A）；预处理后，细胞稍微缩小（图 3-6B）；解冻以后一些细胞破裂死亡，但存活的细胞仍然保持在冻存之前的细胞分裂状态（图 3-6C）。可以看到细胞被停止在分裂间期、中期和末期。这一结果进一步证明在液氮条件下，被保存的活细胞内的物质代谢和生长活动几乎完全停止，细胞处在相对稳定的生物学状态。

3.1.3.2　超低温保存对细胞含糖量的影响

许多试验表明，糖组分在超低温保存中具有重要的保护作用。可溶性糖参与调控抗冻力的形成，冷驯化（cold-acclimation）或抗寒锻炼（cold hardiness）中可溶性糖的积累对冻害具有保护作用（陈晓玲 等，2013）。刘燕（2000）和尚晓倩（2005）分别报道，植物的含糖量与耐液氮冻融性呈正相关。温带植物为了适应低温还普遍表现出细胞内可溶性糖浓度上升的现象。而且可溶性糖浓度的变化与植物的低温耐性呈显著的正相关。

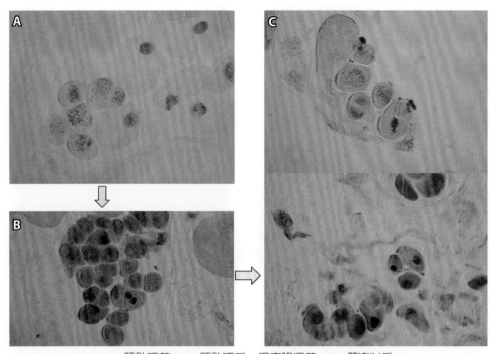

A. 预处理前；B. 预处理后；程序降温前；C. 解冻以后

图 3-6   醋酸洋红法染色白云杉胚性细胞冻存前后细胞结构的比较

3.1.3.3   超低温保存对膜脂的影响

膜体系是生命活动的基础，超低温保存中细胞膜结构的损坏是影响超低温保存效果的主要因素之一（陈晓玲 等，2013）。膜脂是细胞膜的基本骨架，脂质结构的稳定对于稳定细胞骨架、提高超低温保存存活率有积极作用。吴元玲等（2011）研究发现，低温高渗预处理后超低温保存的大苞鞘石斛兰（*Dendrobium wardianum*）类圆球茎（protocorms）细胞含水量、相对电导率和丙二醛含量随处理时间的延长而升高，表明细胞质膜完整性的破坏程度加重，保护性物质流失，其中丙二醛（malondialdehyde，MDA）含量与冻后细胞相对存活率具有极显著负相关性（相关系数 −0.992）。

3.1.3.4   超低温保存对细胞活性氧的影响

近几年上海交通大学申晓辉教授的团队就细胞在低温保存中的生理生化反应以及其分子机制进行了较深入的研究。他们的报道中（Chen *et al.*，2015，2016；Zhang *et al.*，2015；Ren *et al.*，2015）指出，细胞在超低温保存中经历了各种复合逆境胁迫，如冷冻、渗透胁迫、冰晶伤害和离子毒害等，这些均会直接或间接地产生过量的活性氧簇（reactive oxygen species，ROS），引起膜脂过氧化，降低细胞成活率。细胞中也存在一些活性氧清除机制，如超氧化物歧化酶（SOD）、过氧化氢酶（CAT）等酶类和抗坏血酸、谷胱甘肽（GSH）、维生素 E、脯氨酸等非酶类物质，它们会适时清除细胞中多余的氧。

同时，ROS 还是细胞程序性死亡（programmed cell death，PCD）的开关，能够诱发自噬

（autophagy）、细胞凋亡（apoptosis）和坏死（necrosis）等生理性死亡。类蛋白酶（caspase-like）是 PCD 的起始者（initiators）和最终执行者（executor）。与未添加的对照相比，冷冻保护液 PVS2 中添加外源抗氧化剂（还原性谷胱甘肽 GSH 和 cinnamtannin B-1，CinB-1）、细胞凋亡胱冬酶 Capase-3 特异性抑制剂（Ac-DEVD-CHO，D-CHO）后，CinB-1 和 D-CHO 对细胞活力的影响均达到显著水平。D-CHO 是一种可透过细胞的动物 caspase-3、caspase-6、caspase-7、caspase-8 和 caspase-10 的广谱蛋白酶抑制剂，这一结果为外源物质的优化提供了新思路（Chen *et al.*，2015）。

3.1.3.5 外源添加物对超低温保存植物细胞抗逆性的调控作用

添加外源化合物是提高冷冻保存后细胞存活率的有效方法。高水平的抗氧化剂或高效清除活性氧的方法对超低温后成功恢复非常重要。去铁胺（deferoxamine）是一种铁离子螯合剂，可以阻止有害的芬顿反应和自由基化学反应。Erica 等 1995 年发现水稻细胞预培养在含有 10 mg·L^{-1} 去铁胺的培养基中，可以提高恢复培养后的存活率。在预培养基、装载液、洗脱液中添加抗氧化剂或抗应激剂硫辛酸（lipoic acid，LA）、谷胱甘肽（glutathione，GSH）、维生素 C、维生素 E 和甜菜碱（gglycine betaine，GB）、聚乙烯吡咯烷（PVP）等可阻止活性氧的形成，降低 MDA 含量，使悬钩子（*Rubus corchorifolius*）茎尖存活率提高至 80%，比不添加提高 40%~50%。

碳纳米材料（carbon nanomaterials，CNMs）是新型的外源性物质，粒径小，生物相容性好。Chen 等（2017）采用 4 种 CNMs 进行百子莲（*Agapanthus praecox* ssp. *orientalis*，*African agapanthus*）愈伤组织冷冻保存，分析其可能的作用机制。通过差示扫描量热法（differential scanning calorimetry，DSC）检测 PVS2（植物玻璃化溶液 2）的热特性，拉曼光谱（raman spectra）和透射电子显微镜（transmission electron microscope，TEM）分析 CNMs 在细胞内的分布。测量 MDA/H$_2$O$_2$ 含量以评估 CNM 对细胞的毒性。结果显示在 PVS2 加不同浓度的 CNM 可以提高存活率，与未处理的对照相比，最有效的处理是加入 0.3 g/L 富勒烯（C$_{60}$），提高存活率 159%，并且降低了 MDA/H$_2$O$_2$ 的含量。这可能是纳米材料具有优良的导热性，以及能够抑制冰晶的形成和生长、增强降温速率、促进溶液玻璃化的转变等特性，从而降低低温损伤。该研究还发现单壁碳纳米管（single wall carbon nanotube，SWCNT）和 C$_{60}$ 分布在细胞中的不同位置，C$_{60}$ 仅在线粒体中发现，而 SWCNT 位于细胞壁周围。但是它们在不同位点的生物学效应还有待进一步的探究。

3.2 针叶树种胚性细胞常用的两种超低温保存技术

针叶树种的胚性愈伤组织是由胚原体细胞团（proembryogenic masses，PEMs）组成。PEMs 是体细胞胚胎形成前的半分化组织，在有生长激素的培养条件下可以不断增殖。PEMs 含有大量的富含细胞质分生组织的细胞（图 3-7），这些细胞适宜进行超低温保存。目前，此技术已经被广泛地用于松树和云杉类胚性愈伤组织的保存。以下是常用的两种冻存技术的具体步骤。

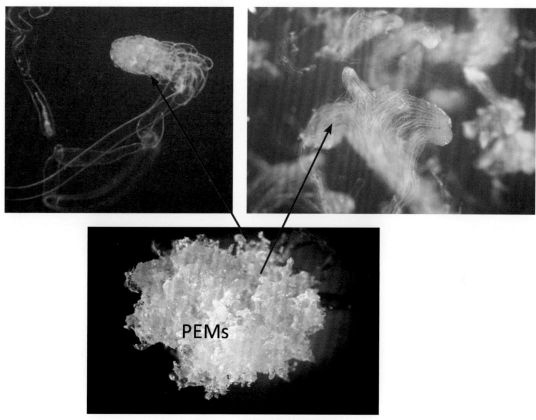

PEMs

图 3-7　白云杉胚性愈伤组织

3.2.1　胚性细胞程序降温方法步骤

　　程序降温冰冻保存与解冻的程序基本可以概括为以下 6 个步骤：a. 保存材料的预培养；b. 0℃条件下冷冻保护剂处理；c. 以 –0.3℃ /min 进行程序降温至 –40℃，即结冰诱导脱水（freeze–induced dehydration）；d. 投入液氮保存；e. 保存后快速解冻（rapid thawing）；f. 保存材料的活性检测（cell viability assay）和恢复培养（recovery）。

3.2.1.1　冻存方法步骤

（1）第 1 天：胚性细胞组织预培养

　　①准备相关的器皿和仪器设备，如吸管、锥形瓶、镊子等。

　　②培养基：增殖生长培养基（GM）+ 0.4 mol · L⁻¹ 山梨醇。松树树种通常使用 1/2 LV 和 DCR 作为生长培养基。

　　③检查并选择细胞培养物，固体培养基或细胞悬浮培养的细胞材料均可。如果是悬浮培养，需要将培养液过滤掉。细胞材料最好是培养 7 d 的新鲜细胞组织。

（2）冻存 10 个小管的操作步骤（steps for preserving 10 cryo vials/line）

　　在超净工作台无菌条件下操作。所有的器具需高温（121℃）、高压（100 kPa 即 15 psi）消毒 30~60 min。

①在一个 250 mL 的锥形瓶中用吸管加 10 mL GM + 0.4 mol·L^{-1} 山梨醇培养液。

②称量 2.75 g 细胞材料，加到锥形瓶中，摇晃使细胞和培养液充分混合。

③将锥形瓶放在摇床上，105~125 r/min，23~25 ℃，暗培养 2 d（40~48 h）。

（3）第 3 天：冷冻保护剂处理，程序降温和液氮中保存

①停止摇床预处理培养，将锥形瓶卸下放在碎冰上并转移到超净工作台中。

②准备 0.75 mL DMSO（7.5%）。

③将 DMSO 定时在 3 min 内分 5 次加到锥形瓶中，每次约 150 μL，不断摇晃锥形瓶以求充分混合。需要在冰上完成。

④准备 10 个冷冻小管（图 3-8A、图 3-8B），贴上标签，注明细胞系名称、冻存日期和其他相关信息。

⑤用宽口吸管（5 mL）吸取 1 mL/次悬浮细胞液体混合物，分装到 10 个冷冻小管中，盖子要拧紧。需要在冰上完成，DMSO 的处理时间是 1~2 h。

⑥将装有细胞的小管放入程序降温冰箱（controlled rate freezer，图 3-8C、图 3-8D），开启降温程序（-0.33 ℃/min），程序停止在 -40 ℃。整个降温过程需要 2 h。

⑦即刻将冷冻小管浸入液氮中，然后转移到液氮罐中长期保存。

⑧如果没有程序降温冰箱，可用 Mr. Frosty^{TM} 梯度降温盒（Thermo Fisher Scientific，USA）代替进行降温。

⑨梯度降温盒的准备：加 250 mL 异丙醇（isopropanol）。使用前，必须将其在 -28℃ 放置预冷 12 h 以上。

⑩装载冷冻小管至预冷的梯度降温盒中（图 3-8E、图 3-8F），其中一个小管需要插入温度探针。

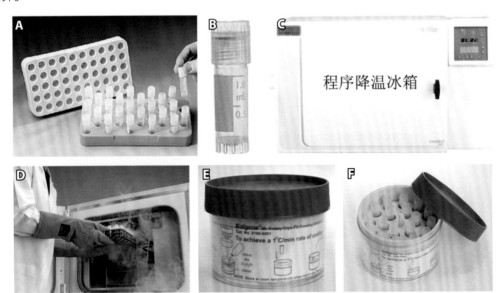

图 3-8　冻存方法所用材料及仪器

⑪将梯度降温盒放置 −80 ℃冰箱。在此温度下降温速率大约是 −1 ℃ /min。

⑫注意观察探针的温度，当温度降至 −40 ℃时，取出梯度降温盒并即刻将冷冻小管浸入液氮中，然后转移到液氮罐中长期保存。

3.2.1.2 复温方法步骤

①准备水浴 37−40 ℃（图 3−9A）。

②准备一个手提保温瓶，并充入液氮冷却（图 3−9B）。

③从液氮中取出样品（冷冻瓶），并将它们放入装有液氮的保温瓶中（图 3−9C）。

④水温达到 40 ℃时，从液氮中取出小管（每次不超过 6 管），立即转移到 40 ℃水浴中以促进快速解冻。

⑤在水浴中轻轻搅拌/摇动小管，以便在融化时促进细胞内的均匀传热（图 3−9D）。

⑥监控解冻过程非常重要。一旦冰融化后，应立即取出小管（溶液或小瓶仍然很凉）。整个过程限制在 3 min 之内。

⑦即刻将小管中解冻的细胞液倒入一个准备好的灭菌过滤纸上，抽出液体（图 3−9E）。

⑧最后将载有细胞组织的过滤纸转移到其相关的增殖培养基上进行恢复生长（图 3−9F）。

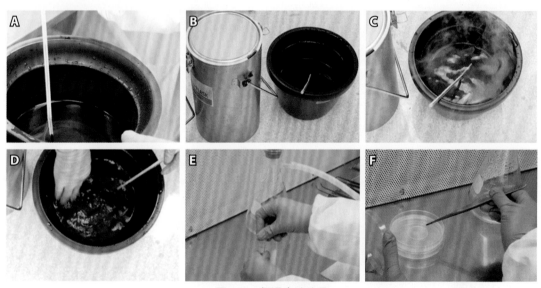

图 3−9　复温方法步骤

3.2.2　胚性细胞玻璃化方法步骤

玻璃化（vitrification）即将细胞或组织置于由一定比例的渗透性和非渗透性保护剂组成的玻璃化溶液中，使细胞及其玻璃化溶液在足够快的降温速率下过冷到玻璃化转变温度（glassy transition temepreture，Tg），从而被固化成玻璃化态（非晶态），并以这种玻璃态在低温下保存。

玻璃化方法因多步操作，受影响的因素很多，其中 3 个关键影响因子是：

（1）外植体

一般来说，只有体积小、细胞质浓密、无液泡或液泡小、薄壁的小型细胞保存后才能存活；否则，细胞极易受到伤害而影响成活率，尤其是对不耐寒的热带、亚热带植物进行玻璃化法超低温保存时，更应该注意选择处于最佳生理状态的材料。

（2）预处理

通过适当的预处理方法（低温锻炼、高渗）最大限度地减少细胞内的自由水含量，增强细胞的抗冻和耐脱水能力。目前应用最广泛的是在预培养基中加入冷冻保护剂或诱导抗寒力的物质，如糖、山梨醇、聚乙二醇、丙二醇、二甲基亚砜、脱落酸等，以提高材料的成活率。

（3）冰冻保护剂

可以降低冰点温度，促进过冷却和玻璃化的形成。在玻璃化状态下能提高细胞溶液的黏滞度，阻止冰晶的生长，防止细胞因脱水而瓦解，维持大分子物质的结构；但玻璃化溶液严重脱水也具有较大的潜在性伤害。冰冻保护剂种类繁多，有单一性的、有混合型的，如何选择一种适合试验材料的冰冻保护剂，对材料达到最大限度的保护至关重要。另外，如何控制冰冻保护剂混合的比例，以及浓度、处理时间、温度及对材料的毒害作用也是必须考虑的因素。比较常用的玻璃化冷冻保护剂有 PVS2（plant vitrification solution，PVS）（Sakai *et al.*，1990）、PVS3 和 PGD。

玻璃化法超低温保存与解冻的程序基本可以概括为以下 8 个步骤：a. 保存材料的适宜类型和状态的筛选；b. 保存材料的预培养（pre-culture）或低温锻炼（cold-acclimation）；c. 装载液装载（loading）处理；d. 在 0 ℃或 25 ℃下用玻璃化溶液 PVS 脱水（dehydration）或玻璃化（vitrification）；e. 投入液氮保存；f. 保存后快速化冻（freezing-thawing）；g. 去除玻璃化液（de-vitrification）；h. 保存材料的活性检测和恢复培养（activity assay and recovery）。

3.2.2.1 玻璃化冻存方法步骤

（1）第1天：胚性细胞组织预培养

①准备相关的器皿和仪器设备，如吸管、锥形瓶、镊子等。

②培养基：增殖生长培养基（GM）+ 0.4 mol·L^{-1} 山梨醇（sorbitol）+ 0.4% phytagel（Sigma）。松树树种通常使用 1/2 LV 和 DCR 作为基本培养基（GM）。

③检查并选择细胞培养物，固体培养基或细胞悬浮培养的细胞材料均可。如果是悬浮培养，需要将培养液过滤掉。细胞材料是培养 5~7 d 的新鲜细胞组织。

（2）冻存 10 个小管的操作步骤（steps for preserving 10 cryo vials/line）

在超净工作台无菌条件下操作。所有的器具需高温（121℃）、高压（100 kPa 即 15 psi）消毒 30~60 min。

①将 5~7 d 的新鲜细胞组织，约 5 g，转移到（GM）+ 0.8 mol·L^{-1} 山梨醇体培养基上。

②培养 2~3 d，室温，无光照。

（3）第 4 天：冷冻保护剂处理，玻璃化和液氮中保存

①准备相关的器皿和仪器设备，如吸管、锥形瓶、镊子等。

②培养基：

- 装载液：液体 GM + 0.4 mol·L^{-1} 蔗糖、2mL·L^{-1} 甘油和 10 mol·L^{-1} KNO$_3$。
- PVS2（液体 GM + 0.4 mol·L^{-1} 蔗糖、30% 甘油、15% 乙二醇、15% DMSO），存放在冰箱里。
- 洗脱液：液体 GM + 1.2 M 蔗糖。
- 恢复生长培养基 1：GM + 0.8 mol·L^{-1} 山梨醇 + 0.4% 植物凝胶。
- 恢复生长培养基 2：GM + 0.4 mol·L^{-1} 山梨醇 + 0.4% 植物凝胶。
- 恢复生长培养基：GM + 0.4% 植物凝胶。

③称量 3 g 经过预处理的细胞材料，加到锥形瓶中。

④加入 20 mL 装载液，摇晃使细胞和培养液充分混合。

⑤将锥形瓶放在摇床上，65 r/min，23 ℃，培养 20~60 min。

⑥用抽真空过滤膜装置将装载液去除。任何加入 10 mL 预冷的 PVS2，摇晃使细胞和 PVS2 充分混合。

⑦置于冰浴中 7.5~30 min（细胞进一步脱水）。

⑧准备 10 个冷冻小管，贴上标签，注明细胞系名称、冻存日期和其他相关信息。

⑨用宽口吸管（5 mL）吸取 1 mL/ 次悬浮细胞液体混合物，分装到 10 个冷冻小管中，盖子要拧紧。需要在冰上完成，PVS2 的处理时间不要超过 30 min。

⑩冷冻：投入液氮，然后转移到液氮罐中长期保存。

3.2.2.2　复温方法步骤

①准备水浴 37~40 ℃。

②准备一个手提保温瓶，并充入液氮冷却。

③从液氮中取出样品（冷冻小管），并将它们放入装有 LN2 的保温瓶中。

④水温达到 40 ℃时，从 LN 中取出小管（每次不超过 2 管），立即转移到 40 ℃水浴中以促进快速解冻。

⑤在水浴中轻轻搅拌 / 摇动小管，以便在融化时促进细胞内的均匀传热。

⑥密切监控解冻过程非常重要。一旦冰融化后，应立即取出小管（溶液或小瓶仍然很凉）。整个过程限制在 3 min 内。

⑦在一个 15 mL 的无菌试管中加入 10 mL 预冷的洗脱液，即刻将 2 个小管中的细胞液倒入洗脱液试管，加盖摇晃使细胞和洗脱液充分混合，放置 5~10 min，抽滤去除洗脱液。

⑧将载有细胞组织的过滤纸转移到恢复生长培养基 1（GM + 0.8 mol·L^{-1} 山梨醇）的固体培养基上，1 h。

⑨将载有细胞组织的过滤纸转移到恢复生长培养基 2（GM + 0.4 mol·L^{-1} 山梨醇）的固体培养基上，1 h。

⑩最后将载有细胞组织的过滤纸转移到其相关的 GM 培养基上进行恢复生长。

3.2.3　保存材料的活性检测

常用的细胞活性检测方法有氯化三苯基四唑染色法（triphenyl tetrazolium chloride，TTC）和 Evans Blue。

3.2.3.1　TTC 细胞活力检测的原理及方法

TTC 是生化实验中常用的氧化还原指示剂，特别是对细胞呼吸作用。它是一种白色结晶粉末，可溶于水、乙醇和丙酮，但不溶于乙醚。TTC 用于区分有代谢活性的组织细胞和非活性组织。通过脱氢酶的酶促反应，TTC 在活细胞中被还原成红色的不溶于水的 TPF（1，3，5- 三苯甲 forma），结果是活细胞转变成红色。而非活性细胞由于它们的脱氢酶已经变性或降解，所以不会改变颜色，即无色。

TTC 是测试冻存复温后细胞成活率的一种常用方法。适宜的 TTC 浓度是 1%，其配液方法和检查细胞活力的步骤如下：

配制 1% TTC：称取 10 g TTC（2，3，5- 三苯基四唑氯化物，Sigma T8877）并溶于 1 L 0.15 mol·L^{-1} Tris 缓冲液中（pH 7.8）。用过滤膜过滤消毒，倒入棕色瓶子待用（或将溶液分成 4 个 250 mL 的瓶子）。4℃可保存 6 个月。

染色程序：

①准备一个无菌、透明玻璃或塑料微孔培养皿（每块 6 孔或 12 孔）。

②加 1% TTC 溶液至培养皿小孔中（半满）。

③采取约米粒大的胚性细胞团，并将细胞浸在 TTC 中，2~3 次重复。

④在 37℃或室温下培养 1~4 h。

⑤在解剖显微镜下观察细胞颜色，活细胞将是红色的，死细胞不会改变颜色（图 3-10）。

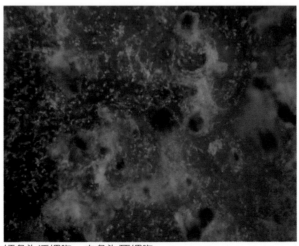

红色为活细胞，白色为死细胞

图 3-10　白云杉胚性细胞复温后活力检测（TTC）

3.2.3.2 Evans Blue 细胞活性检测

Evans Blue是一种非渗透性染料，只能通过受损的质膜进入细胞，所以只对死细胞染色。Evans Blue 细胞活性检测步骤如下：

①在一个无菌离心管中加 1 mL 0.05％（w / v）Evans Blue 溶液。

②取约米粒大的胚性细胞团，并将细胞浸在 Evans Blue 溶液。

③在室温下孵育 5~10 min。

④离心并吸除 Evans Blue 溶液，用蒸馏水洗涤数次直至上清液变清。

⑤在解剖显微镜下观察细胞颜色，活细胞具有清晰的细胞质，没有活性的细胞显示蓝色细胞质（图 3-11）。

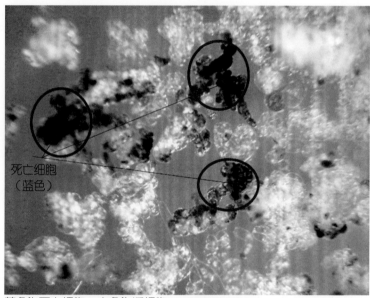

蓝色为死亡细胞，白色为活细胞

图 3-11 长春花细胞超低温保存复温后 Evans Blue 检测细胞活力

体细胞胚胎发生技术的
应用与前景

4

体细胞胚胎发生技术是一种兼具理论意义与应用价值的生物学工具，其中一个重要的应用在于植物细胞组织学及其分子、表型生理、生化调控机制的研究。但 SE 技术能得到如此快速的发展，以及科研界和产业界如此长期的关注与投入，主要原因还在于它产业化生产的应用潜力。松树作为重要的商品林树种，前人利用传统遗传改良技术，对目标性状做了大量的改良工作，美国火炬松改良的目标性状主要为生长量、干形、锈病抗性，澳大利亚辐射松育种目标主要为材性与生长量，欧洲赤松育种目标为生长量与材性。我国前期对马尾松、湿地松等国外松的遗传改良目标通常为生长量与干形，随着社会发展对木材、松脂产量与质量要求的提高，产脂力、木材密度、抗逆性也成为重要的目标性状。在每一个育种项目中，开展新性状的改良，或多性状综合改良，以及改良后新品系的利用，都必须考虑以下几个重要因素：a. 种质资源保存的规模与方式；b. 优良基因整合到育种群体中的方式；c. 遗传测定的材料来源与测定年限；d. 优良基因型的扩繁方式。基于上述考虑，SE 技术应用于松树的改良与繁育具有无可比拟的优势。目前，松树 SE 技术已成功应用于无性系林业、苗木扩繁、遗传转化等方面。同时，在药用蛋白质的生产、胚拯救等方面也有广阔的应用前景。

4.1 体细胞胚胎发生技术在遗传改良上的应用

4.1.1 体细胞胚胎无性系应用于遗传测定

SE 技术也可与家系选择结合，作为前向选择的一个有力工具。在进行多地点测定时，利用体细胞胚胎无性系营建测定林比一般的子代测定林更能精确估算基因型与立地互作效应以及环境效应所估算的遗传参数更准确，选择精度都更高。

在林木上，利用子代测定结果估算遗传方差时，通常忽略上位性方差。但研究表明，上位性效应也在一些松属树种的重要性状上起作用。例如辐射松胸径的上位性方差占遗传方差的27.2%（Baltunis *et al.*，2009）；火炬松生长性状的上位性遗传方差为负值，但 4 年生和 6 年生锈病抗性分别占遗传方差的 30.9% 和 54.8%（Isik *et al.*，2003）。通过无性系苗木或无性系苗木与家系种子苗结合估算加性效应、显性效应和上位性效应对重要性状的作用，是制订相应遗传改良与推广应用策略的关键。而利用体细胞胚胎苗或以体细胞胚胎苗为采穗母株所获得的扦插苗做无性系测定，在减少位置效应、成熟效应、母本种子大小等因素引起的 C 效应对遗传测定的影响上具有较大的优势。

以辐射松为例，在分析遗传效应时，前人对 32 个亲本不完全双列交配产生的 52 个全同胞家系做体细胞胚胎发生诱导，获得 664 个体细胞胚胎无性系，再通过扦插获得大量无性系苗木，开展家系、无性系测定。根据目标性状的观测数据，估算其加性方差、显性方差、上位性方差和遗传方差，以此推断各种遗传效应（Baltunis *et al.*，2009）。

4.1.2　杂种后代的胚拯救

杂交育种是松树遗传改良的重要手段，但同属内不同种间的杂交往往存在不亲和的现象。以湿地松 × 加勒比松的杂种 F_1 代湿加松为例，授粉后也能完成受精，并能进行胚的早期发育，随着合子胚的成熟，可能由于胚乳发育不正常或胚与胚乳之间生理上的不协调，杂种胚早期夭折，败育的胚比例逐渐增多，导致有些杂交组合 F_1 代种子产量低下，或完全不能形成有萌发力的种子。胚拯救是将未成熟的胚或生长弱的胚通过离体培养，生成植株的过程，一般用于解决植物种间、属间杂交存在的胚败育问题。其中，SE 技术是实现胚拯救的重要方法。以未成熟的合子胚为外植体，通过 SE 技术进行增殖、成熟，再生为植株，可将有可能败育的基因型拯救、固定下来。因此，SE 技术是林木杂交育种中的重要工具。

辐射松与球锥松（*P. attenuata*）的杂种可耐受新西兰部分地区降水量不足的逆境胁迫，Hargreaves 等（2017）研究了辐射松与球锥松正反交 F_1 代的胚拯救技术，分析了配方、将胚取出及利用辐射松的胚性组织做看护培养等因素对体细胞胚胎诱导的影响，结果表明，采用 Glitz 配方及将胚取出有利于胚的诱导，但看护培养无明显效果。

4.2　体细胞胚胎发生技术在人工培育上的应用

4.2.1　基于体细胞胚胎的无性系林业

SE 技术在林木新品系的选育与推广上最直接的应用是无性系林业。无性系林业通常指对通过无性系测定证明为优良的无性系进行大规模的推广利用。

无性系选育不仅利用了外植体基因型的加性效应，还利用了显性与上位作用效应，可获得最大的遗传增益。以辐射松为例（Baltunis *et al.*，2009），对于胸径，选择并推广排名在前 5% 亲本的半同胞子代，与群体比较，预期可获得 6.5% 的遗传增益；前 5% 的全同胞家系遗传增益为 11.5%；而前 5% 的无性系遗传增益为 24.0%。意味着同等选择强度下，无性系选择遗传增益可提高 1 倍，如果只选择推广最优的无性系，则遗传增益可达到 29.6%（图 4-1）。另外，单个或若干个无性系造林后，林分更加均匀，在集约化栽培管理与采伐上都可以采取一致的措施，可降低经营成本；如果兼顾遗传多样性，还可以采用多个已知性状表现的无性系混合造林，即时下推崇的多品系林业（multi-varietal forestry，MVF）。松树的无性扩繁通常采用扦插的方式，通常以种子苗为采穗母株，营建采穗圃（图 4-2A），选取嫩枝或半木质化穗条营建扦插圃（图 4-2B），3~4 个月后将生根苗木移出棚外，在炼苗圃进行水肥管理（图 4-2C）。无性系扦插扩繁技术最大的瓶颈是成熟效应，采穗母株一般使用 5~6 年后需更换；在遗传测定期间，要在苗圃中保持成百上千个无性系的幼化状态相对困难。而且，当优良无性系失去动态后，就只能放弃使用。SE 技术一旦成熟，将成为松树无性系林业的首选。

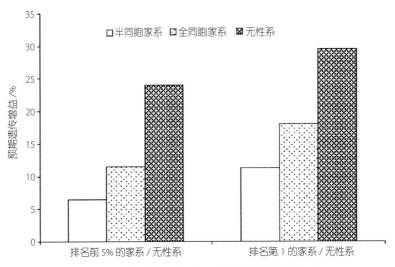

图 4-1　辐射松同等选择强度下家系与无性系选育的预期遗传增益（Baltunis *et al.* ，2009）

A. 采穗圃；B. 扦插圃；C. 炼苗圃

图 4-2　松树扦插苗圃

基于 SE 的无性系林业有两种方式。一种适用于技术完全成熟、体细胞胚胎苗木繁育成本低的树种，将体细胞胚胎细胞系的部分拷贝超低温冻存在液氮中，作为种质资源细胞库，其他拷贝进入成熟、萌发环节再生为植株，在田间开展遗传测定，进而，将遗传测定中被选中的体细胞胚胎细胞系恢复过来进行生产性繁殖。另一种方式与扦插结合，仍构建低温种质资源库，体细胞胚胎再生苗木只用于生产采穗母株，田间测定与生产性繁殖的苗木通过扦插扩繁获得（图 4-3）。

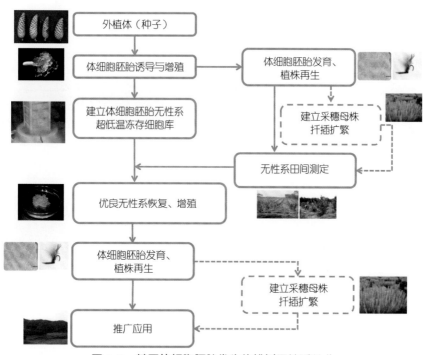

图 4-3　基于体细胞胚胎发生的松树无性系林业

松树 SE 技术一般选用种子为外植体，对于未知性状表现的种子，从外植体采集到优良无性系应用的过程长短，往往取决于田间测定的时长，对于已可做早期选择的性状，整个过程相对较短，如火炬松可根据 4~5 年的胸径生长做生长量的选择；而对于特性在中后期才能充分表达的性状，或轮伐期较长树种的经济性状，如油松的生长性状、马尾松产脂力，则往往需要10~15 年的田间测定，田间测定后选定的基因型，从建立的冷冻保存细胞库中挑选出来大量繁殖、推广应用，大概需要 5 年时间，因此，这种情况下，以种子为外植体，整个无性系林业的过程需要 15~20 年才能完成。如果能在性状表现得到验证后，直接取成树的营养组织进行 SE，从成年树取外植体到优良无性系推广应用，只需要不到 5 年的时间，这样可显著缩短整个选育周期，降低成本（图 4-4）。

然而，正如前面章节所述，松树成年树营养组织的 SE 极为困难。多年来，前人在扭叶松（*Pinns contorta*）、展叶松（*P. patula*）、海岸松（*P. pinaster*）、辐射松、北美乔松（*P. strobus*）和欧洲赤松（*P. sylvestris*）（Trontin *et al*.，2016）均做了尝试，只有欧洲赤松（Aronen *et al*.，2009）

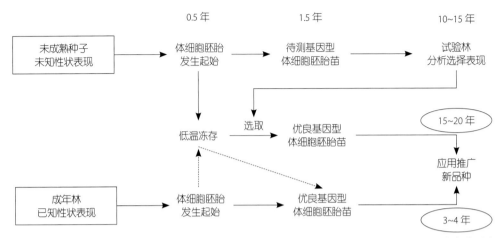

图4-4 以未成熟种子或成树为外植体测选优良基因型（Lelu-Walter *et al.*，2016，略有修改）

以初生枝条为外植体诱导了体细胞胚胎，其中两个胚系的胚发生相关基因（*VP1*、*WOX2*）得以表达，实现了 SE，产生了少量异常或具有子叶的胚，但随后发育停滞，无法进一步萌发。此外，微卫星标记检测到胚系细胞出现多种突变，说明其遗传不稳定。而在其他树种中，连体细胞胚胎起始诱导步骤都难以成功，诱导的细胞团只在形态上类似胚性细胞，或可检测到胚胎发生相关基因，但无法进一步增殖；如海岸松只有少数诱导了形态与胚性细胞类似的细胞团，辐射松起始的细胞团中可检测到 *LEC1* 的表达（Garcia-Mendiguren *et al.*，2015），扭叶松可检测到 *WOX2* 的表达。在其他针叶树种的报道中，只有挪威云杉（*Picea abies*）（Harvengt *et al.*，2001）、白云杉（*Picea glauca*）（Klimaszewska *et al.*，2016）从成树营养组织实现了体细胞胚胎植株再生。总体上，针叶树种以成年树营养器官为外植体获得体细胞胚胎再生植株是可行的，但在松树上还未最终获得成功。

4.2.2 体细胞胚胎苗木与人工种子的利用

无性扩繁是松树苗木生产的重要手段。据不完全统计，2007 年生产的松树无性系苗木大概有 1.64 亿株（Lelu-Walter *et al.*，2013）。在种苗市场上，体细胞胚胎苗木仅占很小的份额。SE 技术在松树苗木生产上的应用通常采用两种途径：一种是直接生产体细胞胚胎苗，特别对火炬松这种扦插成本较高的树种，据报道，仅 2008 年 CellFor 和爱博金（ArborGen）就分别生产了 1 000 万株、50 万 ~100 万株火炬松体细胞胚胎苗；另一种是以体细胞胚胎苗作为采穗母株大规模生产扦插苗木，特别对辐射松等易于扦插生根的树种，这种途径更为有效，如新西兰的森林遗传有限公司（Forest Genetics Ltd.）采用 SE 技术保持无性系的幼态，长期扩繁优异的造林苗木。

体细胞胚胎苗木受推崇的主要原因是经选育的体细胞胚胎无性系性状表现优良，不发生性状分离，但前人也提出，体细胞胚胎苗木的早期生长可能相对较差。Antony 等（2014）报道了

4 年生火炬松体细胞胚胎苗与全同胞、半同胞种子苗的区别，全同胞种子苗总体生长性状优于体细胞胚胎苗，但体细胞胚胎苗的木材密度更高，而且，还存在生长量与木材密度均表现优异的体细胞胚胎无性系。Cown 等（2008）也报道，辐射松中存在生长量与材性均得到改良的无性系。辐射松的体细胞胚胎苗木在生长和材性表现上均优于种子苗（Carson *et al.*，2015）。如果不考虑性状的改良成效，在苗木质量上，体细胞胚胎苗木与种子苗和扦插苗相比，尚无明显的优势，在海岸松中报道，体细胞胚胎无性系树木的早期生长不如同等改良的对照种子苗，但造林 6~7 年后可达到或超过种子苗（Trontin *et al.*，2016）。

除了遗传品质高，体细胞胚胎苗木生产还具有不受季节与场地限制、适宜长距离运输的优点。在出瓶前体细胞胚胎苗的运输相对容器苗便利，适合于长距离运输、异地炼苗后造林。利用 SE 技术还可以把成熟的体细胞胚胎经包埋制成"人工种子"（synthetic seed 或 manufactured seed），直接用于长距离运输与造林。美国惠好公司和加拿大 Cellfor 公司自 1992 年开始至今开发了大量人工种子的技术与相关产品，包括采用携氧的乳液、蜡浸染的包衣等以增加胚的萌发率。

松树体细胞胚胎苗木商业化的瓶颈除了在很多树种上技术尚未完全成熟外，还有其相对昂贵的成本。火炬松的体细胞胚胎苗木售价是种子苗的 5~6 倍，即使主伐时经济效益远高于种子苗，很多种植户仍无法接受（Lelu-Walter *et al.*，2016）。开发自动化的设备，如在挑取成熟胚、萌发后移苗等步骤采用机械操作，减少劳动力投入是将来发展 SE 技术的迫切任务之一。

4.3　体细胞胚胎发生介导的遗传转化

遗传转化通过将外源基因引入群体中，生成优势基因型，实现短期内对目标性状的改良。许多被子植物的转基因技术已十分成熟，并已实现商业化利用，如水稻（*Oryza sativa*）、玉米（*Zea mays*）、大豆（*Glycine max*）等农作物；林木中相对成熟的树种为杨树与桉树。而裸子植物的转基因技术则相对滞后。在针叶树种，遗传转化主要的目标是提高林木的生长量、木材品质与出材率，增强抗虫性、抗逆性、除草剂抗性和生物修复能力等。

4.3.1　松树遗传转化的方法

基因枪法（biolistic transformation）和农杆菌介导转化法（agrobacterium-mediated transformation，AMT）是迄今为止用于针叶树基因转化的两个重要的方法。基因枪技术将目的基因包在微小金属粒子上轰击感受态细胞，使遗传物质随机地整合到基因组中。农杆菌介导转化法一般采用根癌农杆菌（*agrobacterium tumefaciens*），它是一种土壤细菌，通过将 Ti（tumor-inducing）质粒转入宿主细胞从而引起根癌病。另外，也有采用发根农杆菌（*agrobacterium rhizogenes*）将 Ri（root-induced）质粒转入植物中诱导产生转基因毛状根的方法。与基因枪法相比，AMT 产生的转基因系转基因拷贝数相对较低；基因整合更准确；后代中表现出更稳定的转基因表达，转录和转录后基因沉默的概率更小。一般认为，AMT 比基因枪法更适合针叶树的遗传转化（Konagaya *et al.*，2016）。但 AMT 也存在一些技术难题，如共培养条件不当导致细菌过度生长或植物组织坏死，从而降低转化频率。

针叶树种的遗传转化早在 20 世纪 90 年代就有报道，但普遍未突破再生困难的瓶颈。糖松（*Pinus lambertiana*）是第一个报道通过 AMT 技术实现基因转化的松属树种，DNA 杂交和 *nptII* 基因的表达证实了其愈伤组织的胆囊转化，但该愈伤组织只能通过激素自养，不产生转基因植物。随后，人们通过基因枪法和 AMT 实现了对挪威云杉（*Picea abies*）及火炬松体细胞胚胎的稳定转化，但当时还不能从转基因愈伤组织形成再生转基因植株。有人通过基因枪轰击，实现欧洲赤松中 GUS 基因的瞬时表达。随后（1999—2003 年），在北美乔松、辐射松和火炬松三个树种中得到了转基因的再生植株：北美乔松以胚性培养物为材料，通过 AMT 方法转化（Levee *et al.*，1999）；火炬松以营养器官和成熟合子胚为材料，通过 AMT 方法转化（Tang *et al.*，2001；Tang *et al.*，2003）；辐射松以胚性培养物为材料，通过基因枪法转化（Bishop–Hurley *et al.*，2001）。总体上，大多数关于松树遗传转化的研究仍集中在技术开发上，前期遗传转化较为典型的例子列举在表 4-1 中，目的基因主要包括编码报告基因 β– 葡萄糖醛酸苷酶（β–glucuronidase）的 *uidA* 基因；编码绿色荧光蛋白的报告基因 *gfp*（green fluorescent protein）；编码抗性标记新霉素磷酸转移酶（neomycin phosphotransferase II）的 *nptII* 基因与潮霉素磷酸转移酶（hygromycin phosphotransferase）的 *hph* 基因；Tang 等（2003）将合成的苏云金芽孢杆菌基因 *Cry1Ac* 转进火炬松，通过 Southern、Northern 和 Western 蛋白印迹分析验证了外源基因的整合，并发现，转基因再生植株对马尾松毛虫（*Dendrolimus punctatus*）和灰斑隐实蝇（*Crypyothelea formosicola*）具有抗性。

表 4-1　松树遗传转化的早期报道

松树树种	目标材料	转化方法	目的基因	参考文献
辐射松 *P. radiata*	胚性细胞	基因枪	*uidA*，*nptII*	Walter *et al.*，1998 Wagner *et al.*，1997
	胚性细胞	基因枪	*uidA*，*nptII*，*bar*，*germin*	Bishop–Hurley *et al.*，2001
北美乔松 *P. strobus*	胚性细胞	AMT	*uidA*，*gfp*，*nptII*	Levee *et al.*，1999
欧洲赤松 *P. sylvestris*	花粉	基因枪	*uidA*	Aronen *et al.*，2003
火炬松 *P. taeda*	器官	AMT	*uidA*，*hph*	Tang *et al.*，2001
	成熟合子胚	基因枪	*cry1Ac*，*nptII*	Tang *et al.*，2003

注：报告基因：β– 葡萄糖醛酸苷酶基因 *uidA* 或绿色荧光蛋白基因 *gfp*；标记基因：新霉素磷酸转移酶 *nptII* 或潮霉素磷酸转移酶 *hph*。

有数据显示，自 1996 年起，转基因松树（辐射松、欧洲赤松、火炬松）已营建了至少 50 块试验林，但对转基因植株田间表现的报道相对较少。前人对 3~8 年生转基因辐射松与松树的评价结果表明，转基因松树在田间可正常生长，并稳定表达外源基因。

4.3.2　基于体细胞胚胎发生的遗传转化体系

基于 SE 技术，建立从与农杆菌共培养到获得再生转基因植株的体系是当前松树遗传转化的有效途径。Charity 等（2005）建立了根癌农杆菌介导、通过 SE 途径再生的辐射松遗传转化方法，并成功获得转基因再生植株：

①以 pRN2 和 pCAMBIA3300、pCAMBIA3301 为骨架，构建 pGUL 和 pKEA 两种二元载体。pGUL 带有 bar（抗除草剂 PPT 的基因）、nptll 和 uidA 3 个目的基因，启动子分别为 35S、玉米 ubiquitin 和 35S；pKEA 不带 uidA 基因。采用的农杆菌菌株为带有辅助质粒 pTOK4 的菌株 EHA105。用电击法将质粒导入农杆菌中。挑选经抗性筛选存活的菌落，27℃液体培养 42 h，用 LB 液体培养基稀释培养至所需浓度，再用体细胞胚胎液体增殖培养基稀释菌液，以备侵染。

②将增殖培养期的胚性培养物继代到新的培养皿（含植物生长调节剂），7 d 后进行侵染。侵染时，以 5 mL 液体 1g 培养物的比例，将培养物悬浮在不含植物生长调节剂、加入 3% 蔗糖的液体增殖培养基（EMS3）中，并加入 1 mg·L^{-1} 乙酰丁香酮（acetosyringone，AS），室温侵染 1.5 h。

③取 0.5 mL 悬浮液在 30 μm 孔径的滤膜 / 滤纸上过滤，将滤膜 / 滤纸转移到有塑料支持物的培养基上；也可做看护培育（nurse culture）：将未做侵染的胚性培养物分成 5 个长条，其中 4 条摆成 3 cm×3 cm 的正方形，第 5 条摆在中间，过滤后的组织放在看护培育物上面以获得更好的生长。培养基配方为半固态增殖培养基（EDM6）加 1 mg·L^{-1} AS。

④共培养至少 5 d，或直到已明显看到细菌过度生长时，可收集转 pGUL 质粒的组织，37℃温育检测 GUS 的染色情况。其余的组织在 50 mL 1/2 强度的 EMS3 上重悬浮，用新的滤膜 / 滤纸收集，在布氏漏斗上，用 1/2 强度的 EMS3 冲洗，用真空泵（−20~−40 kPa）去除液体，以移除农杆菌。

⑤冲洗后的组织以 1：5 的比例在含有 200 mg/L 特美汀的 EMS3 中重悬，分成 15~20 份 0.25 mL 的悬浮液，在滤纸上铺开；将滤纸转移到有塑料支持物的培养基上或做看护培育。培养基配方为半固态增殖培养基（EDM6）加 200 mg/L 特美汀。

⑥胚性培养物 5~7 d 后可恢复生长。将整张滤纸转移到新的培养基上，培养基配方为半固态增殖培养基（EDM6）加 200 mg·L^{-1} 特美汀和 5~10 mg·L^{-1} 的遗传霉素（geneticin），以筛选转化的细胞。在（24±1）℃、5 μmol·m^{-2}·s^{-1} 光照强度、16 h/8 h 光周期下培养。

⑦培养 6~10 周后，可观测到抗遗传霉素的组织保持健康生长，在停滞生长的组织中凸显出来。将这些可能为阳性的组织转移到新的含有 200 mg·L^{-1} 特美汀和 15 mg·L^{-1} 遗传霉素的 EDM6 培养基上，每 2~3 周继代一次，直到组织足够用于再生（3~4 周）。

⑧按 SE 的流程进行成熟诱导与萌发，获得再生转基因植株，转移到隔离的转基因专用温室中。通过生化、分子生物学方法检测转入的基因。

火炬松也是遗传转化较为成功的树种，Connett-Porceddu 等申请了 3 个专利，利用 AMT

和基因枪法对火炬松做稳定转化。其中，以根癌农杆菌介导、通过 SE 途径再生的方法在火炬松和刚火松杂种（*P. rigida × P. taeda*）上获得成功。与前期很多遗传转化报道相比，该体系主要的技术改进包括：与农杆菌共培养后在培养体系中对农杆菌的去除；使用特别的膜支持物承载细胞，在培养基中加入 ABA 等。

Tereso 等（2006）采用根癌农杆菌（C58/pMP90 菌株）介导、通过 SE 途径再生的方法开展海岸松 Portuguese 基因型的遗传转化，采用 pPCV6NFGUS 二元载体质粒，虽然成熟的胚经 GUS 染色为阳性，但再生植株的针叶经 GUS 染色和 PCR 检测证实为非转基因植株。Alvarez 等（2013）采用相似的方法，根癌农杆菌菌株为 AGL1、EHA105 和 LBA4404 三种，并采用可做卡那霉素筛选的 pBINUbiGUSint 质粒，只有菌株 AGL1 建立了较好的转化事件，最终获得 5 株转基因苗木。

表 4-2 列出了用于松树遗传转化的常用农杆菌菌株。不同物种适用的农杆菌菌株存在差异，早期结果表明，EHA105 在很多松树上有较好的转化效果，如火炬松的转化效果 EHA105 ＞ LBA4404 ＞ GV3101；意大利五针松（*P. pinea*）和欧洲黑松（*P. nigra*）转化效果 EHA105 ＞ LBA4404 ＞ GV3850。C58/pMP90 对意大利白皮松和海岸松转化效果最好。Tang 等（2014）比较 EHA105、GV3101 和 LBA4404 三种菌株在湿地松上的转化效果，其中农杆菌菌株 GV3101 的 *GUS* 基因瞬时表达频率以及 T-DNA 单拷贝稳定插入转基因系的频率最高。

表 4-2　松树遗传转化常有农杆菌菌株

农杆菌菌株	冠瘿碱类型	染色体背景
EHA105	琥珀碱（Succinamopine）	C58
AGL-1	琥珀碱（Succinamopine）	C58，RecA
LBA4404	章鱼碱（octopine）	TiAch5
GV2260	章鱼碱（octopine）	C58
EHA101	胭脂碱（nopaline）	C58
GV3101	胭脂碱（nopaline）	C58
C58/pMP90（=GV3101/pMP90）	胭脂碱（nopaline）	C58
GV3850	胭脂碱（nopaline）	C58

4.4　体细胞胚胎发生与药用蛋白质的生产

4.4.1　药用转基因植物细胞的利用

转基因植物合子胚被证明是药用活性蛋白的极佳来源（Hood *et al.*，2003；Horn *et al.*，2004），其原因包括胚胎中的高蛋白含量（表 4-3），拥有天然的蛋白酶抑制剂，且在成熟的种子中总体代谢活动缓慢，含水量低，导致外源蛋白保持长期稳定性。大规模生产药用蛋白要求转基因作物田间种植，因为大棚种植成本昂贵而受到局限。田间种植此类作物需政府批准并要求统一集中监测，而且对于转基因产品的可能逃脱隔离区、进入食物链存在极大的争议。

表 4-3　林木种子营养储备物质占干重百分比

物种	中文名	碳水化合物	脂类	总蛋白质
Abies balsamea	加拿大冷杉	NA	37.6	13.9
Euonymus americana	美洲卫矛	10.6	36.2	12.6
Liquidambar styraciflua	北美枫香	11.6	26.2	25.3
Picea glauca	白云杉	NA	44.2	23.8
Pinus palustris	长叶松	3.1	28.1	24.4
P. sylvestris	欧洲赤松	2.3	20.5	21.9
P. taeda	火炬松	2.9	18.5	13.8
Robinia pseudoacacia	刺槐	12.3	9.0	38.7
Ulmus alata	翼枝长序榆	8.9	15.3	27.4

注：NA 代表没有试验数据。

对此的解决办法是在大型生物发酵罐中通过细胞悬浮培养液形式生产转基因植物细胞或组织。这种解决办法有许多优点（Hellwig *et al.*，2004）：a. 从接种、收获到过程处理完全在密封的容器中进行；b. 细胞繁殖不受气候和季节影响，药用蛋白质的生产在任何时候都可以进行；c. 处理废弃生物质简单且便宜；d. 发酵罐生物反应器系统对制药企业来讲比田间生产系统更容易被接受；e. 可以结合超低温保存技术建立商用转基因细胞库。

但是，生物反应器系统生产药用转基因植物细胞也有局限性：a. 长期结果表明，生产率仍较低（Hellwig *et al.*，2004）；b. 使用较小规模生物反应器所带来的较高的成本（Hood *et al.*，2003）；c. 必须马上处理，因为不可以放置较长时间。如果利用转基因的胚性细胞来生产药用蛋白可以在一定程度上克服这些缺点。

另外，很多植物含有天然的次生代谢产物，可用于提取药用蛋白质。编者开展湿加松针叶代谢谱分析，发现松树针叶富含松醇（d-pinitol）、橙皮素（hesperetin）、多巴（L-dopa）等具有药理活性的化合物。

4.4.2　针叶树种药用蛋白的生产

体细胞胚形成是分化的体细胞被诱导发展成胚的过程。体细胞胚胎发育和合子胚发育一样是营养物质积累的过程，包括高蛋白含量的积累。植物中由体细胞诱导形成的胚性细胞类似于动物的干细胞。用于转化目标异性蛋白核苷酸序列的植物组织是"早期阶段体细胞胚胎组织"

即原胚胞团（胚胎器官还没有形成的胚性细胞）。当在培养液中生长一段时间后，胚性细胞将开始有能力形成体细胞胚。在培养液中发育的体细胞胚胎可能形成不了成熟的具有器官或类似器官结构的胚胎，如子叶和胚根（图4-5）。但它们仍然具有成熟体细胞胚胎的特性，即上面提到的高蛋白含量，拥有蛋白酶抑制剂，高干物质和低水分含量，并能导致外源蛋白保持长期稳定。

图4-5　生物反应器悬浮培养的转基因白云杉体细胞胚胎

王为民等（2014）在其专利中详细阐述了如何利用针叶树种 SE，突破上述使用生物反应器悬浮培养液中制备重组蛋白的三种瓶颈。这一发明实例包括如何转化处于胚前期的细胞，如何挑选转基因细胞，使其在更换介质之前将发酵培养操作放大到 1 500~7 500 L，以及进一步诱导转基因的胚性细胞发育成胚，并在这一过程完成目标蛋白的积增。利用这套技术，转基因体细胞胚胎可在生物反应器中被进一步诱导成熟，与此同时胚胎积增更多目标蛋白，进一步提高蛋白产率。当体细胞胚胎达到收获阶段时，可以在低温下储存备用，克服了细胞悬浮培养方法不能放置较长时间的缺陷。收获时，将体细胞胚胎打碎，利用常规方法提取纯化目标蛋白。

美国的 Phyton Biotech 是一家植物生物技术公司，具有世界上最大容量的植物细胞生物发酵罐，其容量梯度从 30~75 000 L。多年来一直致力于研发和生产植物药用活性成分（active pharmaceutical ingredient，API），如紫杉醇。同时还成功地将重组人类生长激素（human growth hormone，rHGH）基因和人类生长激素受体拮抗剂（human growth hormone receptor antagonist，rHGHRA）基因转到了白云杉胚性细胞中，建立了转人类重组蛋白基因白云杉胚性细胞系。

转基因细胞经验证后，通过使用超低温冷冻保存技术制作细胞库（cell bank），便于进一步地研发和等待药监局的新药审批。低温冷冻保存的细胞一般不会改变原本的基因，解冻后的细胞会很快恢复原有性质和生物合成能力，这在植物生殖学、生物医学研究和基因工程诸方面具有重要意义。对制药工业的蛋白质生产而言，拥有一个细胞库对利用植物悬浮培养生产重组蛋白是一个巨大优势。一旦冷冻的细胞解冻，该种源细胞就可以被放大到预想的数量，这些细胞经诱发可以形成体细胞胚，然后这些体细胞胚以批量生产方式生产。体细胞胚可以被储存，或打碎然后提取目标蛋白质。

细胞悬浮液培养体细胞胚的过程一般经历三个阶段：胚性细胞增殖、胚性细胞向体细胞胚胎的转化和体细胞胚胎成熟。外部环境（如培养环境的化学和物理性质的变化）控制每一步骤的进行。在体细胞被诱导成胚性细胞的过程中，细胞获得胚形成能力。增殖阶段，胚性细胞以指数的速率进行细胞分裂、增加鲜重。在体细胞胚胎转化阶段鲜重的增加开始减慢，但随着每一期的向前发展，蛋白质的含量在逐步增加（图4-6）。

胚性细胞具有浓密的细胞质，富含蛋白质、酶、多糖和抗氧化物质等，有利于药用蛋白质的提取。目前为止，通过体细胞胚胎发生和转基因技术生产人类所需的药用蛋白质仍处于起步阶段，还没有任何相关的新药通过国家药监局的批准。但已有一些化妆品公司和生物技术公司成功采用植物胚性细胞技术生产护肤品和营养品。另外，利用针叶树种生产蛋白质的工艺仍需要进行优化，以提高体细胞胚发生频率和蛋白的产率。

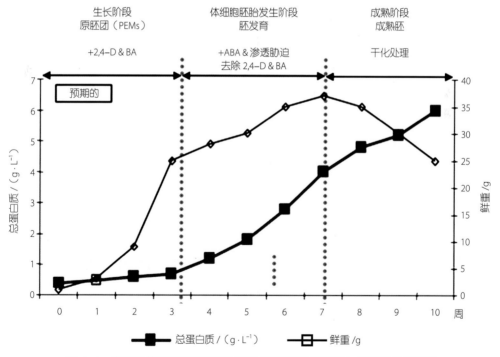

图4-6 白云杉体细胞胚胎发育过程中细胞培养的鲜重与总蛋白含量预测

参 考 文 献

陈晓玲，张金梅，辛霞，等，2013. 植物种质资源超低温保存现状及其研究进展［J］. 植物遗传资源学报，14（3）：414-427.

刘燕，2000. 拟南芥幼苗玻璃化超低温保存研究［D］. 北京：北京林业大学.

尚晓倩，2005. 芍药花粉超低温保存研究［D］. 北京：北京林业大学.

王为民，杨博文，2014. 一种通过胚性细胞组织制备蛋白质的方法：CN102146377［P］.

吴元玲，申晓辉，2011. 大苞鞘石斛原球茎玻璃化超低温保存技术的研究［J］. 中国细胞生物学杂志，33（3）：279-287.

ABERLENC-BERTOSSI F，CHABRILLANGE N，DUVAL Y，*et al.*，2008. Contrasting globulin and cysteine proteinase gene expression patterns reveal fundamental developmental differences between zygotic and somatic embryos of oil palm［J］. Tree Physiol，28（8）：1157-1167.

ALVAREZ J M，ORDÁS R J，2013. Stable agrobacterium-mediated transformation of maritime pine based on kanamycin selection［J］. Scientific World J，5：681792.

ANTONY F，SCHIMLECK L R，JORDAN L，*et al.*，2014. Growth and wood properties of genetically improved loblolly pine：propagation type comparison and genetic parameters［J］. Can J For Res，44（44）：263-272.

ARONEN T，PEHKONEN T，RYYNÄEN L，2009. Enhancement of somatic embryogenesis from immature zygotic embryos of *Pinus sylvestris*［J］. Scand J For Res，24（5）：372-383.

BALTUNIS B S，DUNGEY W H S，MULLIN T J，*et al.*，2009. Comparisons of genetic parameters and clonal value predictions from clonal trials and seedling base population trials of radiata pine［J］. Tree Genet Genomes，5（1）：269-278.

BECWAR M，CLARK J J，SWINTON L，*et al.*，2013. Liquid-based method for producing plant embryos：US 0143256A1［P］.

BISHOP-HURLEY S L，ZABKIEWICZ R J，GRACE L，*et al.*，2001. Conifer genetic engineering：transgenic *Pinus radiata*（D. Don）and *Picea abies*（Karst）plants are resistant to the herbicide Buster［J］. Plant Cell Rep，20（3）：235-243.

BOZHKOV P V，ARNOLD S V，1998. Polyethylene glycol promotes maturation but inhibits further development of *Picea abies* somatic embryos［J］. Physiol Plant，104（2）：211-224.

BUTOWT R，NIKLAS A，RODRIGUEZGARCIA M I，*et al.*，1999. Involvement of jim13- and jim8-responsive carbohydrate epitopes in early stages of cell wall formation［J］. J Plant Res，112（1105）：107-116.

CAIRNEY J，PULLMAN G S，2007. The cellular and molecular biology of conifer embryogenesis［J］. New Phytol，176（3）：511-536.

CARSON M, CARSON S, TE RIINI C, 2015. Successful varietal forestry with radiate pine in New Zealand [J]. N Z J For Sci, 60 (1): 8–11

CHARITY J, HOLLAND L L, WALTER C, 2005. Consistent and stable expression of the *nptII*, *uidA* and *bar* genes in transgenic *Pinus radiata* after agrobacterium tumefaciens–mediated transformation using nurse cultures [J]. Plant Cell Rep, 23 (9): 606–616.

CHEN G Q, REN L, ZHANG D, *et al.*, 2016. Glutathione improves survival of cryopreserved embryogenic calli of *Agapanthus praecox*, subsp. *orientalis* [J]. Acta Physiol Plant, 38 (10): 250–261.

CHEN G Q, REN L, ZHANG J, *et al.*, 2015. Cryopreservation affects ROS–induced oxidative stress and antioxidant response in Arabidopsis seedlings [J]. Cryobiology, 70 (1): 38–47.

CHEN S M, REN L, ZHANG D, *et al.*, 2017. Carbon nanomaterials enhance survival of *Agapanthus praecox* callus after cryopreservation by vitrification [J]. Cryoletters, 38 (2): 125–136.

CLOUSE S D, 2000. Plant development: A role for sterols in embryogenesis [J]. Curr Biol, 10 (16): 601–604.

COWN D, SORENSSON C T, 2008. Can use of clones improve wood quality? [J]. N Z J For Sci, 52 (4): 14–19

DODEMAN V L, LE G M, DUCREUX G, *et al.*, 1998. Somatic and zygotic embryos of *Daucus carota* L. display different protein patterns until conversion to plants [J]. Plant Cell Physiol, 39 (10): 1104–1110.

DYACHOK J V, WIWEGER M, KENNE L, *et al.*, 2002. Endogenous Nod–factor–like signal molecules promote early somatic embryo development in Norway spruce [J]. Plant Physiol, 128 (2): 523–533.

EGERTSDOTTER U, ARNOLD S V, 1998. Development of somatic embryos in Norway spruce [J]. J Exp Bot, 49 (319): 155–162.

ELHITI M, STASOLLA C, WANG A, 2013. Molecular regulation of plant somatic embryogenesis [J]. In Vitro Cell Dev Biol Plant, 49 (6): 631–642.

ETIENNE H, BERTRAND B, GEORGET F, *et al.*, 2013. Development of coffee somatic and zygotic embryos to plants differs in the morphological, histochemical and hydration aspects [J]. Tree Physiol, 2013, 33 (6): 640–653.

FILONOVA L H, BOZHKOV P V, BRUKHIN V B, *et al.*, 2000a. Two waves of programmed cell death occur during formation and development of somatic embryos in the gymnosperm, Norway spruce [J]. J Cell Sci, 113 Pt 24 (24): 4399–4411.

FILONOVA L H, BOZHKOV P V, VON A S, 2000b. Developmental pathway of somatic embryogenesis in *Picea abies* as revealed by time–lapse tracking [J]. J Exp Bot, 51 (343): 249–264.

GARCIA–MENDIGUREN O, MONTALBÁN I A, STEWART D, *et al.*, 2015. Gene expression profiling of shoot–derived calli from adult radiata pine and zygotic embryo–derived embryonal masses [J].

PLoS One，10（6）：1-19.

GEMPERLOVÁ L，FISCHEROVÁ L，CVIKROVÁ M，*et al.*，2009. Polyamine profiles and biosynthesis in somatic embryo development and comparison of germinating somatic and zygotic embryos of Norway spruce［J］. Tree Physiol，29（10）：1287-1298.

GÓRSKA-KOPLIŃSKA K，ŹRÓBEK-SOKOLNIK A，GÓRECKI R J，*et al.*，2010. A comparison of soluble sugar accumulation in zygotic and somatic pea embryos.［J］. Pol J Nat Sci，25（4）：313-322.

GUPTA P K，TIMMIS R，2005. Mass propagation of conifer trees in liquid cultures-progress towards commercialization［J］. Plant Cell Tissue Organ Cult，81（3）：339-346.

HARGREAVES C L，REEVES C B，FIND J I，*et al.*，2009. Improving initiation，genotype capture，and family representation in somatic embryogenesis of *Pinus radiata* by a combination of zygotic embryo maturity，media，and explant preparation［J］. Can J For Res，39（8）：1566-1574.

HARGREAVES C L，REEVES C B，FIND K I，*et al.*，2011. Overcoming the challenges of family and genotype representation and early cell line proliferation in somatic embryogenesis from control-pollinated seeds of *Pinus radiata*［J］. N Z J For Sci，41（7）：97-114.

HARGREAVES C，REEVES C，GOUGH K. *et al.*，2017. Nurse tissue for embryo rescue：testing new conifer somatic embryogenesis methods in a F1 hybrid pine［J］. Trees，31（1）：273-283.

HARVENGT L，TRONTIN J F，REYMOND I，*et al.*，2001. Molecular evidence of true-to-type propagation of a 3-year-old Norway spruce through somatic embryogenesis［J］. Planta，213（5）：828-832.

HAY E I，CHAREST P J，1999. Somatic Embryo Germination and Desiccation Tolerance in Conifers［M］// Somatic Embryogenesis in Woody Plants. Netherlands：Springer.

HELARIUTTA Y，FUKAKI H，WYSOCKADILLER J，*et al.*，2000. The short-root，gene controls radial patterning of the Arabidopsis，root through radial signaling［J］. Cell，101（5）：555-567.

HELLWIG S，DROSSARD J，TWYMAN R M，*et al.*，2004. Plant cell cultures for the production of recombinant proteins［J］. Nat Biotechnol，22（11）：1411-1422.

HOOD E E，BAILEY M R，BEIFUSS K，*et al.*，2003. Criteria for high-level expression of a fungal laccase gene in transgenic maize［J］. Plant Biotechnol J，1（2）：129-140.

HORN M E，WOODARD S L，HOWARD J A，2004. Plant molecular farming：systems and products［J］. Plant Cell Rep，22（10）：711-720.

HUMÁNEZ A，BLASCO M，BRISA C，*et al.*，2012. Somatic embryogenesis from different tissues of Spanish populations of maritime pine［J］. Plant Cell Tissue Organ Cult，111（3）：373-383.

ISIK F，LI B，FRAMPTON J，2003. Estimates of additive，dominance and epistatic genetic variances from a replicated test of loblolly pine［J］. Forest Sci，49（1）：77-88.

JIN F，HU L，YUAN D，*et al.*，2014. Comparative transcriptome analysis between somatic embryos（SEs）and zygotic embryos in cotton：evidence for stress response functions in SE development［J］. Plant Biotechnol J，2014，12（2）：161-173.

JONES N B, VAN STADEN J, 2001. Improved somatic embryo production from embryogenic tissue of *Pinus patula* [J]. In Vitro Cell Dev Biol Plant, 37 (5): 543–549.

KLIMASZEWSKA K, PARK Y S, OVERTON C, *et al.*, 2001. Optimized somatic embryogenesis in *Pinus strobus* L [J]. In Vitro Cell Dev Biol Plant, 37 (3): 392–399.

KLIMASZEWSKA K, HARGREAVES C, LELU-WALTER M, 2016. Advances in Conifer Somatic Embryogenesis Since Year 2000 [M] // In Vitro Embryogenesis in Higher Plants. New York: Springer.

KONAGAYA K., TANIGUCHI T, 2016. Somatic Embryogenesis and Genetic Transformation in Cupressaceae Trees [M] // Mujib A. Somatic embryogenesis in ornamentals and its applications. New Delhi: Springer.

KURUP S, JONES H D, HOLDSWORTH M J, 2000. Interactions of the developmental regulator ABI3 with proteins identified from developing Arabidopsis seeds [J]. Plant J, 21 (2): 143–155.

LELU-WALTER M A, BERNIER-CARDOU M, KLIMASZEWSKA K, 2006. Simplified and improved somatic embryogenesis for clonal propagation of *Pinus pinaster* (Ait.) [J]. Plant Cell Rep, 25 (8): 767–776.

LELU-WALTER M A, KLIMASZEWSKA K, MIGUEL C, *et al.*, 2016. Somatic embryogenesis for more effective breeding and deployment of improved varieties in *Pinus spp.*: bottlenecks and recent advances [M] //Somatic embryogenesis: fundamental aspects and applications. Cham: Springer.

LELU-WALTER M A, THOMPSON D, HARVENGT L, *et al.*, 2013. Somatic embryogenesis in forestry with a focus on Europe: state-of-the-art, benefits, challenges and future direction [J]. Tree Genet Genomes, 9 (4): 883–899.

LEVEE V, GARIN E, KLIMASZEWSKA K, *et al.*, 1999. Stable genetic transformation of white pine (*Pinus strobus* L.) After cocultivation of embryogenic tissues with agrobacterium tumefaciens [J]. Molecular Breeding, 5 (5): 429–440.

LOYOLA-VARGAS V M, 2016. The History of somatic embryogenesis [M] // Somatic embryogenesis: fundamental aspects and applications. Cham: Springer.

MACKAY J J, BECWAR M R, PARK Y S, *et al.*, 2006. Genetic control of somatic embryogenesis initiation in loblolly pine and implications for breeding [J]. Tree Genet Genomes, 2 (1): 1–9.

MARUYAMA T E, HOSOI Y, 2012. Post-maturation treatment improves and synchronizes somatic embryo germination of three species of Japanese pines [J]. Plant Cell Tissue Org Cult, 110 (1): 45–52.

MATHEW M M, PHILIP V J, 2003. Somatic embryogenesis versus zygotic embryogenesis in *Ensete superbum* [J]. Plant Cell Tissue Organ Cult, 72 (3): 267–275.

MAYER U, JÜRGENS G, 1998. Pattern formation in plant embryogenesis: A reassessment [J]. Semin Cell Dev Biol, 9 (2): 187–193

MERKLE S A, MONTELLO P M, XIA X, *et al.*, 2006. Light quality treatments enhance somatic seedling production in three southern pine species ［M］ // Protein interaction networks. Britain：Cambridge University Press：90–115.

MONTALBÁN I A, DIEGO N D, MONCALEÁN P, 2010. Bottlenecks in *Pinus radiata*, somatic embryogenesis：improving maturation and germination ［J］. Trees, 24（6）：1061–1071.

MONTALBÁN I A, GARCÍA-MENDIGUREN O, MONCALEÁN P, 2016. Somatic embryogenesis in *Pinus spp* ［M］//In vitro embryogenesis in higher plants. New York：Humana Press.

MONTALBÁN I A, SETIÉNOLARRA A, HARGREAVES C L, *et al*. , 2013. Somatic embryogenesis in *Pinus halepensis* Mill. ：an important ecological species from the Mediterranean forest ［J］. Trees, 27（5）：1339–1351.

MORCILLO F, ABERLENC-BERTOSSI F, HAMON S, *et al*. , 1998. Accumulation of storage protein and 7S globulins during zygotic and somatic embryo development in *Elaeis guineensis* ［J］. Plant Physiol Biochem, 36（7）：509–514.

NIEMI K, HÄGGMAN H, 2002. *Pisolithus tinctorius* promotes germination and forms mycorrhizal structures in Scots pine somatic embryos in vitro ［J］. Mycorrhiza, 12（5）：263–267.

NISHIWAKI M, FUJINO K, KODA Y, *et al*. , 2000. Somatic embryogenesis induced by the simple application of abscisic acid to carrot（*Daucus carota* L. ）seedlings in culture ［J］. Planta, 211（5）：756–759.

NISKANEN A M, LU J, SEITZ S, *et al*. , 2004. Effect of parent genotype on somatic embryogenesis in Scots pine（*Pinus sylvestris*）［J］. Tree Physiol, 24（11）：1259–1265.

NUNES S, MARUM L, FARINHA N, *et al*. , 2018. Somatic embryogenesis of hybrid *Pinus elliottii* var. *elliottii* × *P. caribaea* var. *hondurensis* and ploidy assessment of somatic plants ［J］. Plant Cell Tissue Organ Cult, 132（1）：71–84

OSUGA K, MASUDA H, KOMAMINE A, 1999. Synchronization of somatic embryogenesis at high frequency using carrot suspension cultures：model systems and application in plant development ［J］. Methods Cell Sci, 21（2）：129–140.

PARK Y S, 2002. Implementation of conifer somatic embryogenesis in clonal forestry：technical requirements and deployment considerations ［J］. Ann For Sci, 59（5）：651–656.

PÉREZ RODRÍGUEZ M J, SUÁREZ M F, HEREDIA R, *et al*. , 2006. Expression patterns of two glutamine synthetase genes in zygotic and somatic pine embryos support specific roles in nitrogen metabolism during embryogenesis ［J］. New Phytol, 169（1）：35–44

PESCADOR R, KERBAUY G B, FERREIRA W D M, *et al*. , 2012. A hormonal misunderstanding in *Acca sellowiana*, embryogenesis：levels of zygotic embryogenesis do not match those of somatic embryogenesis ［J］. Plant Growth Regul, 68（1）：67–76.

PULLMAN G S, BUCALO K, 2011. Pine somatic embryogenesis using zygotic embryos as explants ［M］//Plant Embryo Culture. New York：Humana Press.

PULLMAN G S, MONTELLO P, CAIRNEY J, *et al*. , 2003a. Loblolly pine（*Pinus taeda*, L. ）somatic embryogenesis：maturation improvements by metal analyses of zygotic and somatic embryos

［J］. Plant Sci, 164（6）: 955-969.

PULLMAN G S, NAMJOSHI K, ZHANG Y, 2003b. Somatic embryogenesis in loblolly pine（*Pinus taeda* L. ）: improving culture initiation with abscisic acid, silver nitrate, and cytokinin adjustments［J］. Plant Cell Rep, 22（2）: 85-95

REIDIBOYM-TALLEUX L, SOURDIOUX M, GRENIER E, *et al.*, 2000. Lipid composition of somatic and zygotic embryos from *Prunus avium*. Effect of a cold treatment on somatic embryo quality［J］. Physiol Plant, 108（2）: 194-201.

REN L, ZHANG D, CHEN G, *et al.*, 2015. Transcriptomic profiling revealed the regulatory mechanism of Arabidopsis seedlings response to oxidative stress from cryopreservation［J］. Plant Cell Rep, 34（12）: 2161-2178.

RODE C, 2011. A proteomic dissection of embryogenesis in *Cyclamen persicum*［D］. Hannover: Leibniz Universität Hannover.

SATOH N, HONG S K, NISHIMURA A, *et al.*, 1999. Initiation of shoot apical meristem in rice: characterization of four SHOOTLESS genes［J］. Development, 126（16）: 3629-3636.

SGHAIER B, BAHLOUL M, BOUZID R G, *et al.*, 2008. Development of zygotic and somatic embryos of *Phoenix dactylifera*, L. cv. Deglet Nour: Comparative study［J］. Sci Hortic, 116（2）: 169-175.

SMERTENKO A, BOZHKOV P V, 2014. Somatic embryogenesis: life and death processes during apical-basal patterning［J］. J Exp Bot, 65（5）: 1343-1360

SOMLEVA M N, SCHMIDT E D L, VRIES S C D, 2000. Embryogenic cells in *Dactylis glomerata* L.（Poaceae）explants identified by cell tracking and by SERK expression［J］. Plant Cell Rep, 19（7）: 718-726.

STASOLLA C, YEUNG E C, 1999. Ascorbic acid improves conversion of white spruce somatic embryos［J］. In Vitro Cell Dev Biol Plant, 35（4）: 316-319.

STUESSY T F, 2004. A transitional-combinational theory for the origin of angiosperms［J］. Taxon, 53（1）: 3-16.

TANG W, GUO Z, OUYANG F, 2001. Plant regeneration from embryogenic cultures initiated from mature loblolly pine zygotic embryos［J］. In Vitro Cell Dev Biol Plant, 37（5）: 558-563.

TANG W, TIAN Y, 2003. Transgenic loblolly pine（*Pinus taeda* L. ）Plants expressing a modified delta-endotoxin gene of bacillus thuringiensis with enhanced resistance to dendrolimus punctatus walker and crypyothelea formosicola staud［J］. J Exp Bot, 54（383）: 835-844.

TANG W, XIAO B, FEI Y, 2014. Slash pine genetic transformation through embryo cocultivation with A. tumefaciens and transgenic plant regeneration［J］. In Vitro Cell Dev Biol Plant, 50（2）: 199-209.

TERESO S, MIGUEL C, ZOGLAUER K, *et al.*, 2006. Stable agrobacterium-mediated transformation of embryogenic tissues from *Pinus pinaster*, Portuguese genotypes［J］. Plant Growth Regul, 50（1）: 57-68.

TERESO S, ZOGLAUER K, MILHINHOS A, *et al*. , 2007. Zygotic and somatic embryo morphogenesis in *Pinus pinaster*: comparative histological and histochemical study [J]. Tree Physiol, 27 (5): 661-669.

THOMPSON H J M, KNOX J P, 1998. Stage-specific responses of embryogenic carrot cell suspension cultures to arabinogalactan protein-binding *β*-glucosyl Yariv reagent [J]. Planta, 205 (1): 32-38.

TRONTIN J F, KLIMASZEWSKA K, MOREL A, *et al*. , 2016. Molecular aspects of conifer zygotic and somatic embryo development: a review of genome-wide approaches and recent insights [M] //In Vitro Embryogenesis in Higher Plants. New York: Humana Press.

TROTOCHAUD A E, SANGHO J, CLARK S E, 2000. CLAVATA3, a multimeric ligand for the CLAVATA1 receptor-kinase [J]. Science, 289 (5479): 613-617.

VON ADERKAS P V, LELU M A, LABEL P, 2001. Plant growth regulator levels during maturation of larch somatic embryos [J]. Plant Physiol Biochem, 39 (6): 495-502.

VON ARNOLD S V, SABALA I, BOZHKOV P, *et al*. , 2002. Developmental pathways of somatic embryogenesis [J]. Plant Cell Tissue Organ Cult, 69 (3): 233-249.

WENCK A R, QUINN M, WHETTEN R W, *et al*. , 1999. High-efficiency agrobacterium-mediated transformation of Norway spruce (*Picea abies*) and loblolly pine (*Pinus taeda*) [J]. Plant Molecular Biology, 39 (3): 407-416.

WENDRICH J R, WEIJERS D, 2013. The Arabidopsis embryo as a miniature morphogenesis model [J]. New Phytol, 199 (1): 14-25.

WINKELMANN T, 2016. Somatic versus zygotic embryogenesis: learning from seeds [J]. Methods Mol Biol, 1359: 25-46.

ZHANG D, REN L, CHEN G Q, *et al*. , 2015. ROS-induced oxidative stress and apoptosis-like event directly affect the cell viability of cryopreserved embryogenic callus in *Agapanthus praecox* [J]. Plant Cell Rep, 34 (9): 1499-1513.